土木工程再生利用技术丛书

土木工程再生利用基础解析

李慧民　李文龙　李　勤　卢继明　编著

科学出版社

北　京

内 容 简 介

本书全面系统地论述了土木工程再生利用的基础、现状和发展等。全书共6章，第1章主要介绍了土木工程再生利用的基本概念、基础理论、方针政策、发展现状和主要内容；第2～5章分别论述了民用建筑、工业建筑、工业构筑物、其他工程再生利用的基本内涵、再生策略、再生要点和典型项目；第6章主要介绍了土木工程再生利用的发展前景。

本书可作为高等院校土木工程、城乡规划等相关专业本科生的教学参考书，也可作为土木工程再生利用工程设计相关领域从业人员的培训用书。

图书在版编目（CIP）数据

土木工程再生利用基础解析 / 李慧民等编著. —北京：科学出版社，2022.10

（土木工程再生利用技术丛书）

ISBN 978-7-03-073400-6

Ⅰ. ①土… Ⅱ. ①李… Ⅲ. ①土木工程–废物综合利用 Ⅳ. ①X799.1

中国版本图书馆 CIP 数据核字（2022）第 188308 号

责任编辑：陈 琪 张丽花 / 责任校对：王 瑞

责任印制：张 伟 / 封面设计：蓝正设计

科学出版社出版

北京东黄城根北街 16 号

邮政编码：100717

http://www.sciencep.com

北京厚诚则铭印刷科技有限公司 印刷

科学出版社发行 各地新华书店经销

*

2022 年 10 月第 一 版 开本：787×1092 1/16

2023 年 9 月第二次印刷 印张：10 1/2

字数：249 000

定价：88.00 元

（如有印装质量问题，我社负责调换）

《土木工程再生利用基础解析》
编写(调研)组

组　长： 李慧民

副组长： 李文龙　李　勤　卢继明

成　员： 孟　海　陈　旭　武　乾　关　罡　胡　炘
刘怡君　郭　平　柴　庆　王淑青　周　帆
邸　巍　崔　凯　鄂天畅　代宗育　武仲豪
闫永强　王梦钰　张家伟　陈尼京　都　晗
张梓瑜　刘效飞　王应生　丁　莎　杨战军
王顺礼　贾丽欣　田　卫　张　扬　裴兴旺
张广敏　高明哲　郭海东　王孙梦　吴思美
赵向东　刚家斌　周崇刚　盛金喜　陈亚斌
张　健　刘慧军　樊胜军　张　勇　黄　莺
马海骋　王　莉　陈　博　华　珊　万婷婷
尹志洲　田伟东　郁小倩　程　伟　刘钧宁

前　言

本书全面系统地论述了土木工程再生利用的基础、现状和发展等，旨在为我国土木工程再生利用项目建设提供基础指导和参考借鉴。全书共 6 章，第 1 章主要介绍了土木工程再生利用的基本概念、基础理论、方针政策、发展现状和主要内容；第 2~5 章分别介绍了民用建筑再生利用、工业建筑再生利用、工业构筑物再生利用及其他工程再生利用的基本内涵、再生策略、再生要点，并且对应分析了不同类型的典型项目；第 6 章主要介绍了土木工程再生利用的发展前景，包括绿色再生、文化再生、安全再生、规范再生和高质量再生。全书内容丰富，逻辑性强，由浅入深，便于操作，具有较强的实用性。

本书由李慧民、李文龙、李勤、卢继明编写。其中各章分工为：第 1 章由李慧民、李文龙、刘怡君编写；第 2 章由李勤、柴庆、卢继明编写；第 3 章由李文龙、李勤、卢继明编写；第 4 章由李勤、刘怡君、李文龙编写；第 5 章由李慧民、郭平、李勤编写；第 6 章由李勤、王淑青、张扬编写。

本书的编写得到北京建筑大学校级研究生教育教学质量提升项目——优质课程建设（批准号：J2021012）、北京建筑大学教材建设项目（批准号：C2117）、北京市教育科学“十三五”规划课题“共生理念在历史街区保护规划设计课程中的实践研究”（批准号：CDDB19167）、中国建设教育协会课题“文脉传承在‘老城街区保护规划课程’中的实践研究”（批准号：2019061）以及北京市属高校基本科研业务费项目“基于城市触媒理论的旧工业区绿色再生策略与评定研究”（批准号：X20055）的支持。

此外，本书的编写还得到了西安建筑科技大学、北京建筑大学、中冶建筑研究总院有限公司、中策北方工程咨询有限公司、西安建筑科大工程技术有限公司、西安建筑科技大学华清学院、柞水金山水休闲养老有限责任公司、昆明八七一文化投资有限公司、西安华清科教产业（集团）有限公司等的大力支持与帮助。同时在编写过程中还参考了许多专家和学者的有关研究成果及文献资料，在此一并向他们表示衷心的感谢！

由于作者水平有限，书中不足之处在所难免，敬请广大读者批评指正。

作　者

2022 年 4 月

目　录

第 1 章　土木工程再生利用基础

1.1　基本概念

1. 土木工程

土木工程英文为 Civil Engineering，它是由 18 世纪末英国人斯米顿提出的土木工程师(Civil Engineer)一词而得来的。Civil Engineering 直译为民用工程，最初主要用以区别军事工程(Military Engineering)，后来逐渐成为生活和生产所需的各类工程设施的总称，并发展为一个学科。土木工程是建造各类工程设施的科学技术的总称。土木工程既可指工程建设的对象，即建在地上、地下、水中的各种工程设施，也可指工程建设所应用的材料、设备以及相关的勘测、设计、施工、保养、维修等技术。

土木工程涉及的领域十分宽广，从建造的对象看，土木工程包括建筑工程、道路工程、桥梁工程、隧道工程、机场工程、地下工程、市政工程、港口工程、海洋工程、水利工程，甚至航天领域的发射塔架和航天基地等，也都属于土木工程范畴。图 1-1 为建筑工程、桥梁工程、隧道工程和水利工程。

此外，从使用的材料看，土木工程可分为金属结构、混凝土结构、高分子材料结构、木结构、石结构、土结构等。从技术性质看，土木工程涉及勘测、设计、施工、管理、养护、维修等。从职业分工看，有从事土木工程的工程技术人员、工程管理人员、研究人员和教师等。

土木工程是人类文明最重要的标志之一，是人类文明形成及社会进化过程中必须解决的民生问题，是关系国计民生的重要行业和关键行业。土木工程为人们的衣、食、住、行提供了基本的物质条件，只要有人类生存就需要土木工程。

(a) 建筑工程

(b) 桥梁工程

(c)隧道工程

(d)水利工程

图 1-1 常见土木工程类别

2. 再生利用

再生利用起初主要用于旧工业建筑方面，指在非全部拆除的前提下，对旧工业建筑重新赋予新的使用功能的过程，在功能转换的基础上，起到节约资源、改善环境以及传承文化的作用。随着再生利用理念的深入和发展，目前再生利用不仅用于旧工业建筑，也逐步用于城市住宅、农村民居、历史保护建筑、构筑物等老旧建(构)筑物的保护与利用领域。图 1-2 是再生利用项目。

(a)学生宿舍再生利用为特色酒店

(b)厂房再生利用为教学楼

图 1-2 再生利用项目

此处将相关概念进行比较，见表 1-1。从功能转换的角度来看，再生利用是一个较为宽泛的概念，包括的范围更大、涉及的领域更广、涵盖的意义更全面。

表 1-1 再生利用相关概念比较

概念	特征	与城市结构的关系	与价值的关系
改造	强调过程而无结果	适应	对物质意义与精神内涵的忽视

续表

概念	特征	与城市结构的关系	与价值的关系
复兴	强调建筑物功能上的恢复	适应	多见于对工程的修缮，使其恢复原有状态和价值，但含适当的改造
更新	强调过程与策略	适应	对土木工程中原有物质价值的忽视
再利用	强调过程中的价值转换	适应	应用范围较广，但目的性不强，忽视原有建筑的精神内涵
保护	强调目的与意义	限制	尊重土木工程的价值，保持其真原性
再生利用	强调目的与意义	适应	对土木工程价值的肯定，为了赋予新的活力而进行策略设计，并执行相应的计划与措施

3. 土木工程再生利用

土木工程再生利用是指利用特定的技术手段，对废弃或闲置的既有土木工程重新赋予新的生机和活力的过程，既能充分利用既有土木工程的自身价值，也能保护环境并传承历史文化。其核心思想在于在符合社会、经济、文化、环境等整体发展目标的基础上为既有土木工程注入新的活力。这种新型的建设模式是土木工程发展到一定阶段后的必然产物，更是满足当前可持续发展方向与生态文明建设理念下的必然趋势。

随着社会的发展和经济的增长，大量具有时代特色或者历史记忆的老旧建筑、车站码头、道路桥梁等已不能满足当前生活生产的需要，因此再生利用就成为处理这些问题的有效途径，土木工程再生利用必然会成为热门的学科方向。

1.2　基础理论

1. 韧性城市理论

1) 韧性城市的内涵

韧性一词起源于拉丁语 resilio，其本意是回复到原始状态。19 世纪中期，随着西方工业的发展，韧性一词被广泛应用于机械学领域。1973 年，加拿大生态学家霍林初次将韧性思想应用到系统生态学的研究范畴，用以描述自然生态系统稳定状态的特性。韧性理论代表观点见表 1-2。

表 1-2　韧性理论代表观点

韧性理论	代表人物	韧性定义	理论基础
能力恢复说	Blackmore	基础设施从扰动中复原或抵抗外来冲击的能力	工程韧性
扰动说	Klein, Cashman	社会系统在保持相同状态的前提下，所能吸收外界扰动的总量	生态学思维
系统说	Folke, Jha, Miner, Stanton-Geddes	吸收扰动量 自我组织能力 自我学习能力	生态学思维
适应能力说	Gunderson, Holling	社会生态系统持续不断的调整能力、动态适应和改变能力	演进韧性理论 系统论

韧性城市理论是指城市能够凭自身的能力抵御灾害，减轻灾害损失，并合理地调配资源以从灾害中快速恢复过来。韧性的概念自提出以来，以霍林、福尔克等为代表的研究者开启了对韧性概念的多领域研究，从工程韧性到生态韧性，再到演进韧性，每一次修正都使韧性概念不断得到完善与深化。韧性城市强调吸收外界冲击和扰动的能力，以及通过学习和再组织恢复原状态或达到新平衡态的能力，如图 1-3 所示。

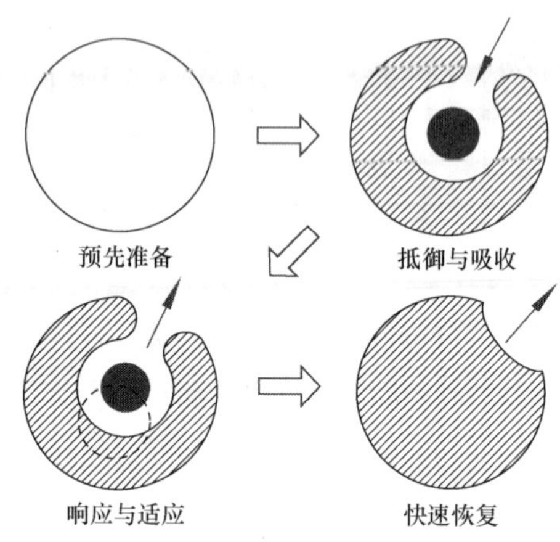

图 1-3　韧性城市的内涵

2) 韧性城市的特征

韧性城市是人类作为命运共同体，以综合系统的视角，应对风险和危机的新思路。韧性城市具有自控制、自组织、自适应的特征，如图 1-4 所示。

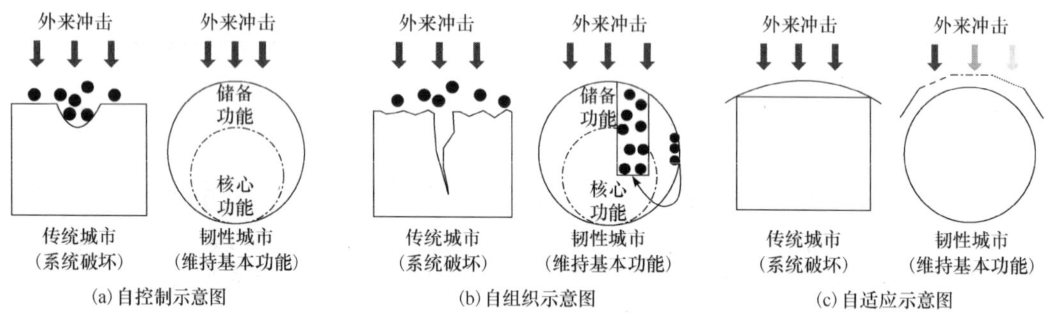

图 1-4　韧性城市的特征

(1) 自控制。城市系统在遭受重创和改变的情形下，依然能在一定时期内维持基本功能的运转。

(2) 自组织。城市是由人类集聚产生的复杂系统，具备自组织能力是系统韧性的重要特征。

(3) 自适应。韧性城市具备从经验中学习、总结、增强自适应能力的特征。

3) 韧性城市的维度

韧性城市具备四个方面的维度，分别是技术(technical)、组织(organization)、社会(society)、经济(economic)，简称 TOSE，如图 1-5 所示。

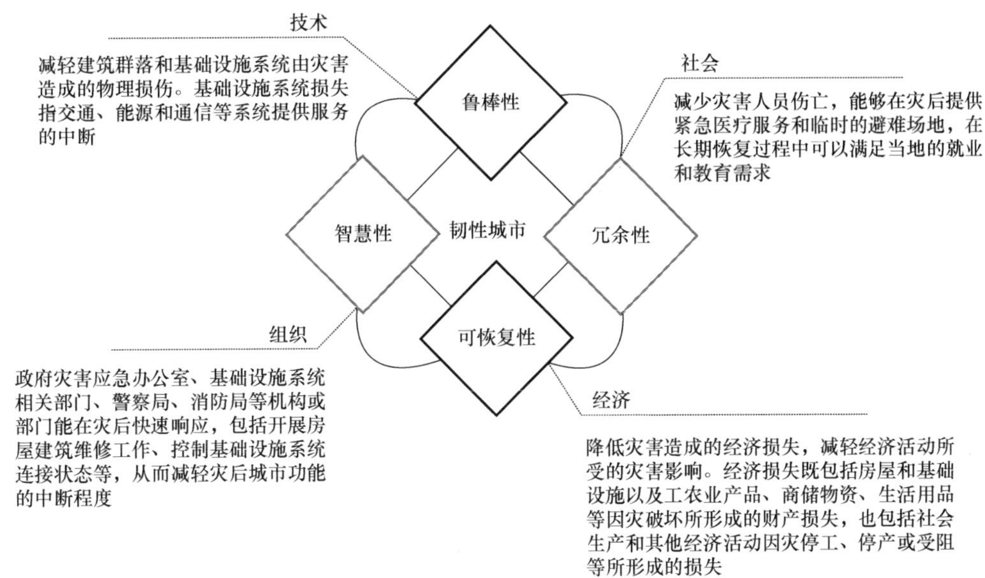

图 1-5　韧性城市的维度与特性

2. 城市更新理论

1）主要内涵

1958 年，城市更新研讨会在荷兰召开，会上第一次对城市更新的理论概念进行了阐述，将城市更新定义为：生活在城市中的人，对于自己所居住的建筑物、周围的环境，或出行、购物、娱乐及其他生活活动有各种不同的期望和不满；对于自己所居住的房屋的修理改造，对于街道、公园、绿地和不良住宅区等环境的改善，以形成舒适的生活环境和美丽的市容。包括上述内容的城市建设活动都是城市更新。

1992 年，伦敦规划顾问委员会的利歇菲尔德在《为了 90 年代的城市复兴》中将城市复兴一词定义为：用全面及融合的观点与行动为导向来解决城市问题，以寻求对一个地区在经济、物质环境、社会及自然环境条件上的持续改善。

根据《英国大百科全书》的界定，城市更新是一个综合计划，是对各种复杂城市问题予以全面的重新调整。《现代地理科学词典》提出，城市在其发展过程中，经常不断地进行改造，呈现新的面貌。一般情况下，城市更新所追求的是对中心城区予以振兴、对社会活力予以增强、对城市环境予以优化。

《中国大百科全书》提出：由于社会环境、经济发展、科技进步等诸多因素的推动，旧城区需要改建和优化。根据《现代城市更新》的论述，针对城市更新进行政策制定时，需要具体问题具体分析。具体问题指的是本国的具体国情、本地区的具体条件，基于此针对城市更新所确立的计划才更符合实际，推行起来才更为高效。

综上所述，城市更新就是通过保护、修复、重建等各种物质更新手段以及社会和经济各方面有关的其他非物质更新手段的综合应用，最终实现优化城市环境、改善城市功能和增强城市活力。

2) 发展历程

第二次世界大战后，西方国家开始了城市更新的历程，并经历了不同的发展阶段。

(1) 城市重建(urban reconstruction)。

第二次世界大战后，欧洲国家开始大规模地推倒重建与清理贫民窟，各国政府都拟定了雄心勃勃的城市建设计划。最初目的是恢复遭到20世纪30年代经济萧条打击和两次世界大战破坏的城市，特别是解决住宅匮乏的问题。

(2) 城市更新(urban renewal)。

进入20世纪70年代以来，人们越发感到城市问题的复杂性，城市衰退不仅源自经济、社会和政治关系中的结构性原因，而且源于区域、国家乃至国际经济格局的变化。这一时期城市开发战略转向更加务实的内涵式城市更新政策，力求从根本上解决内城衰退问题，更加强调地方层次的问题。这一时期典型的城市更新实践有英国的内城更新、美国的邻里复兴和社区规划。

(3) 城市再开发(urban redevelopment)。

20世纪80年代的城市再开发，部分延续了20世纪70年代的政策，但更多地表现为对前期政策的修补，以一批大规模的“旗舰(flagship)”工程为标志，突出特点是强调私人部门和一些特殊部门参与，寻找合作伙伴，以私人投资为主，社区自助式开发，政府有选择地介入，空间开发集中在地方的重点项目上，大部分为置换开发项目，对环境问题的关注更加广泛。

(4) 城市复兴(urban regeneration)。

城市复兴理论思潮是在可持续发展思想的影响下形成的。面对经济结构调整造成城市经济不景气、城市人口持续减少、社会问题不断增加的困境，为了重振城市活力，恢复城市在国家或区域社会经济发展中的牵引作用而提出了城市复兴。有关衰退、结构重组的理论、政策和实践最早出现在英国，它是城市复兴的先驱。20世纪70年代《英国大都市计划》提出城市复兴的概念，以求回应出现的种种复杂的城市社会问题。城市复兴涉及经济活力的再生和振兴，恢复部分失效的社会功能，处理未被关注的社会问题，以及恢复受损的环境质量或改善生态平衡等，城市复兴更着眼于对现有城区的管理和规划，而不是对新城市化运动的规划和开发。

(5) 城市文艺复兴(urban renaissance)。

城市文艺复兴理论强调，建筑必须满足人们两个方面的基本需求，即人与自然融合交流的需求和人与人之间沟通交流的需求，文化规划(cultural planning)与城市设计及经济再生的结合，成功地使一些经济衰退的城市重获发展，是城市文艺复兴的典型途径。

3) 面临的挑战

我国城市更新面临的挑战主要有以下三个方面。

(1) 城市更新主体的单一化问题。现代的城市更新主导者是地方政府以及房地产商，出现了城市居民在城市更新中集体失语的现象。城市居民未能主动参与到城市更新中，可能导致社会福利水平最优化和资源配置最优化之间的矛盾，引起拆迁难、拆迁抵制等推进城市更新难等问题。

(2) 城市更新理念的偏差。尽管我国城市更新理念在不断地优化，然而还是存在尊重历史和多样化的城市治理理念方面的不足，地方政府更多地关注城市更新所带来的“土地经济”以及城市外部环境的美化，忽略了城市作为一个有机体，城市文化对于城市功能结构调整以及城市整体发展的重要性。城市文脉肌理在城市更新中被粗暴割裂，传统历史文化在更新中不断消失，城市变得千城一面、毫无生气，缺乏地方特色以及文化气质。

(3) 城市经济发展与文脉延续的冲突。这主要体现在城市更新过程中片面追求经济的发展，而忽视了城市文化、文明的延续以及可持续发展。不当的城市更新导致了城市文脉或者文化传统的丧失，城市发展面临空心化的困境。

目前从国内外实践来看，城市更新是推动城市高质量发展的必然选择，应成为未来我国城市发展的新常态，将城市更新上升为国家战略正当其时。“十四五”规划明确提出实施城市更新行动，准确研判了我国的城市发展新形势，对进一步提升城市发展质量做出了重大决策部署，我国已经步入城镇化较快发展的中后期，城市发展进入城市更新的重要时期，由大规模增量建设转为存量提质改造和增量结构调整并重，从“有没有”转向“好不好”。不仅要解决城镇化过程中的问题，还要更加注重解决城市发展本身的问题，制定相应政策措施和行动计划，走出一条内涵集约式高质量发展的新路。

3. 生态安全理论

1) 人地关系理论

伴随着人类社会的发展和进步，人类活动与地理环境之间的相互关系始终处于变化之中，不断向纵深进化，这种不断变化的关系称为人地关系。从系统的角度来看，人地关系是由人类活动和地理环境这两个各不相同但又相互联系、彼此渗透的子系统构成的复杂系统，既包含了人类活动对地理环境的适应、利用和改造，也包括地理环境对人类社会的影响和反馈。在这个系统中，“人”并不是指单个自然状态下的人，而是社会性的人，是多层次的人类活动主体；“地”则是由自然要素和人文要素按照一定规律，有机结合构成的多功能地理环境整体。人地之间的客观关系可以从两个层面进行探讨。

第一个层面是人类的生存问题。土木工程作为生存的物质基础和活动空间的角色从未改变，人类的生存依赖于地理环境，这种依赖程度取决于人类对地理环境的认识和利用能力的变化；对于一定范围的地理环境，其承载力是有限的，只能容纳一定数量和质量的人类及一定形式的人类社会活动。

第二个层面是人的生存与自然环境之间协调发展的问题。人地关系的协调与否取决于人，但这并不意味着人类可以完全地、随意地支配地理环境，人类在利用和改造地理环境的过程中，需要主动并自觉地遵循自然规律，以此约束人类活动，达到人与地和谐共处、持续发展的目的。人地关系具有丰富的内涵，不仅涉及人与土地综合体的关系，人与人、人与社会等多个层次的关系也被纳入其中，它们共同组成了人地关系地域系统。

2) 系统理论

系统理论是研究系统的结构和功能演化规律的科学，其核心思想是把研究对象作为一个系统，从整体的角度揭示各系统、要素之间的相互关系和内在规律。系统理论认为系统具有一定的层次和结构，是由多个要素组合而成的有机整体，各要素相互影响、相互制约，整体大于各要素之和。系统具有整体性、层次性、动态性和开放性等基本特征。一是整体性。土木工程系统内部各要素之间、各子系统之间相互关联和相互制约，组成了不可分割的一个整体，任何单一要素、单一子系统的变化，都会对其他要素甚至整个系统产生影响，正所谓牵一发而动全身；系统的整体性还表现在系统的整体性质、功能大于各要素的性质、功能之和。系统的整体性要求人们在观察和分析问题时，不能只看问题的一方面，应从全局上考虑问题。二是层次性。土木工程系统由各个子系统组成，子系统又由各要素组成，而要素又由次一级的子系统构成，以此类推，形成了不同质态、不同等级的多个分系统，根据时间、空间、数量的不同，可划分为多个类型的层次和结构。三是动态性。土木工程系统本身及其外部环境，无时无刻不处于动态变化之中。系统的动态性要求人们以发展的眼光看问题，不能只停留在眼前的问题，应着眼于事物的长远发展。四是开放性。土木工程系统都处在一定的环境条件下，系统与外部环境相互作用和影响，时刻进行着物质、能量和信息的交换。

3）生态承载力理论

生态承载力是指在一定时间和空间范围内，生态系统的自我调节功能不被破坏的前提下，为维持人类生存和人类发展生态系统所能提供的资源支撑和环境容纳能力，是生态系统整体水平的表征。

土木工程生态系统概念包括了两层含义：一是土木工程生态系统维持自身健康的自我调节能力，以及资源支撑和环境容纳能力；二是土木工程人类活动和社会发展承受的生态系统压力。前者为生态承载力的支持部分，后者为生态承载力的压力部分。当支持部分大于压力部分时，意味着生态承载力在承受范围之内，生态系统处于稳定、有序状态；反之，意味着生态承载力超出了承受范围，生态系统处于失衡、无序状态。土地生态安全研究应结合生态承载力理论，深刻认识到土地生态系统的承载能力是有限的，不仅表现为土地资源、水资源等各种资源和能源的有限性，还表现为容纳环境污染能力的有限性。因此，人类不能无节制地向土地生态系统索取资源和服务，人类活动的强度不能超过土地生态系统的承受范围，即承载阈值，否则，将造成土地生态系统的结构失衡和功能退化，引发严重的土地生态问题，而最终自食其果的将是人类自身。

1.3 方针政策

1. 国家政策支持

目前，国家已出台了许多关于工业遗存保护、旧工业建筑再生、历史街区保护、老旧小区改造、老城区更新、生态文明建设等多方面的中央政策文件，对于指导土木工程再生利用项目具有推动性作用，见表1-3。

表 1-3　国家相关政策

名称	年份	发布机构	内容
《国务院关于印发全国资源型城市可持续发展规划(2013—2020 年)的通知》	2013	国务院	促进资源型城市可持续发展，对于维护国家能源资源安全、推动新型工业化和新型城镇化、促进社会和谐稳定和民族团结、建设资源节约和环境友好型社会具有重要意义
《国务院办公厅关于推进城区老工业区搬迁改造的指导意见》	2014	国务院办公厅	以加快转变经济发展方式为主线，以新型工业化和新型城镇化为引领，以改革创新为动力，以城区老工业区产业重构、城市功能完善、生态环境修复和民生改善为着力点，统筹推进企业搬迁改造和新产业培育发展，把城区老工业区建设成为经济繁荣、功能完善、生态宜居的现代化城区
《中共中央 国务院关于进一步加强城市规划建设管理工作的若干意见》	2016	中共中央国务院	有序实施城市修补和有机更新，解决老城区环境品质下降、空间秩序混乱、历史文化遗产损毁等问题。通过维护加固老建筑、改造利用旧厂房、完善基础设施等措施，恢复老城区功能和活力
《关于加强生态修复城市修补工作的指导意见》	2017	住房和城乡建设部	以改善生态环境质量、补足城市基础设施短板、提高公共服务水平为重点，转变城市发展方式，提升城市治理能力，打造和谐宜居、富有活力、各具特色的现代化城市
《国家工业遗产管理暂行办法》	2018	工业和信息化部	鼓励利用国家工业遗产资源，建设工业文化产业园区、特色小镇(街区)、创新创业基地等，培育工业设计、工艺美术、工业创意等业态
《国务院办公厅关于全面推进城镇老旧小区改造工作的指导意见》	2020	国务院办公厅	大力改造提升城镇老旧小区，改善居民居住条件，推动构建“纵向到底、横向到边、共建共治共享”的社区治理体系，让人民群众生活更方便、更舒心、更美好
国家发展改革委回应经济热点问题：“十四五”时期将全面推进城镇老旧小区改造	2020	国家发展改革委	有力、有序、有效全面推进城镇老旧小区改造工作，提升居住品质，推进实施城市更新行动，推进以县城为重要载体的城镇化建设，通过扩大有效投资，带动居民消费，服务以国内大循环为主体、国内国际双循环相互促进的新发展格局，推动实现高质量发展
《中共中央关于制定国民经济和社会发展第十四个五年规划和二〇三五年远景目标的建议》	2020	中共中央	实施城市更新行动，推进城市生态修复、功能完善工程，统筹城市规划、建设、管理，合理确定城市规模、人口密度、空间结构，促进大中小城市和小城镇协调发展。强化历史文化保护、塑造城市风貌，加强城镇老旧小区改造和社区建设，增强城市防洪排涝能力，建设海绵城市、韧性城市

2. 地方政策响应

在国家出台的多项指导性政策的引领下，各级地方政府纷纷响应国家号召，陆续出台了相应的政策、制度或方针，以便更加切实地开展土木工程再生利用，见表 1-4。

表 1-4　地方相关政策

名称	年份	发布机构	内容
《广州市人民政府办公厅关于印发广州市城市更新办法配套文件的通知》	2015	广州市人民政府办公厅	将“三旧”改造上升到了城市更新的高度，治理城市发展过程中产生的衰败地区、土地低效开发地区

续表

名称	年份	发布机构	内容
《关于保护利用老旧厂房拓展文化空间的指导意见》	2017	北京市人民政府办公厅	保护利用好老旧厂房，充分挖掘其文化内涵和再生价值，兴办公共文化设施，发展文化创意产业，建设新型城市文化空间，有利于提升城市文化品质，推动城市风貌提升和产业升级，增强城市活力和竞争力
《福州市人民政府办公厅关于印发福州市历史建筑保护利用试点工作方案的通知》	2018	福州市人民政府办公厅	重点围绕保护与发展理念传承、建立修缮技术标准、丰富利用模式范例、健全管理体制机制、引入社会力量参与保护利用等福州特色经验的探索，真正形成全社会共同参与的历史建筑保护利用新格局
《深圳市人民政府关于印发深圳市可持续发展规划（2017—2030 年）及相关方案的通知》	2018	深圳市人民政府	强化生态保护红线管控，全面推进水、大气等环境的综合治理，深入开展城市绿化提升行动，不断增加城市绿量，努力建成生态宜居城市
《晋江市人民政府关于扶持老旧工业区改造提升项目若干措施的通知》	2020	晋江市人民政府	加快改造提升老旧工业区，盘活闲置土地废旧厂房，推动沉睡资产变资源、变资金，释放产业发展空间
《深圳经济特区城市更新条例》	2022	深圳市南山区规划土地监察局	推动城市更新工作从高速发展向高质量发展转变，为我市城市更新工作提供法治保障，进一步提升城市品质和竞争力
《成都市城市有机更新实施办法》	2020	成都市人民政府办公厅	从产业结构、环境品质、文化传承三个角度出发，紧紧围绕建设国家中心城市、美丽宜居公园城市、国际门户枢纽城市和世界文化名城，对城市空间形态和功能进行整治、改善、优化
《青岛市人民政府关于推进城市更新工作的意见》	2021	青岛市人民政府	通过实施城市更新，实现城市功能完善、产业空间拓展、土地集约利用、市民方便宜居四个目标

1.4 发展现状

1. 再生利用源起

土木工程形成了人类生产或生活所需要的、功能良好且舒适美观的空间和通道，为人类文明做出了伟大的贡献。随着社会的发展，工程结构越来越大型化、复杂化，工程建设高速发展也促进了城乡建设加快和经济加速，当然也引发了一系列环境恶化的现象。在这种情况下，受市场选择以及政策引导的影响，原来大拆大建式的建设模式和粗放型的发展模式已不能适应当今的社会，各地开始提出“三旧”改造、资源合理利用、环境综合治理等发展理念。在城市更新和乡村振兴战略的引导下，土木工程再生利用这种新型建设模式蓬勃兴起，如图 1-6 所示。

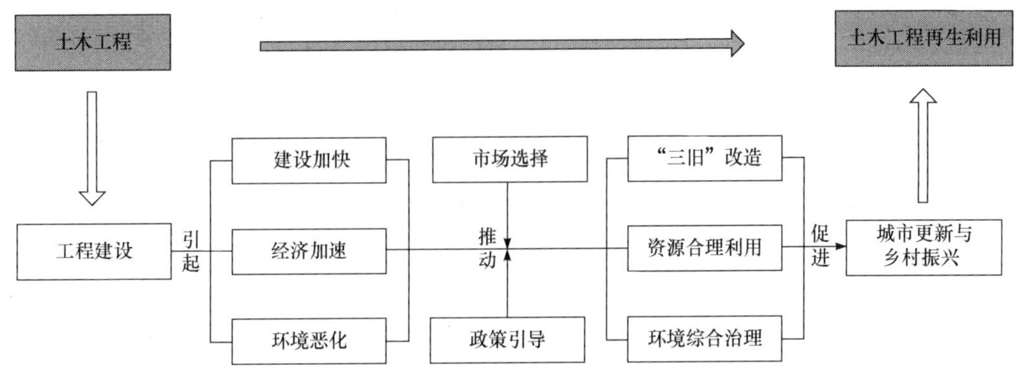

图 1-6　土木工程再生利用源起

2. 再生利用现状

针对土木工程再生利用项目调研情况，发现我国土木工程再生利用项目在决策、实施、使用过程中仍存在着一些问题，主要体现在以下几个方面。

1) 政策法规方面

(1) 政策不健全。

目前各地关于再生利用方面的相关政策较少，总体上覆盖面较小，地方政策差异性较大，实践中可供参考的成熟案例较少，因此需要相关的法律政策加以引导和建设，激发土木工程再生利用活力，这样才能有力地推动土木工程再生利用有序、规范、健康发展。

(2) 报建流程复杂。

目前土木工程再生利用项目还相对较少，以往项目的报建多为特事特办，没有可复制可参考的完善报建流程。在项目的前期开发中，存在针对此类项目的报建部门模糊不清、报建手续繁多、报建流程复杂等情况，一定程度上影响了项目的推进。

(3) 新旧规范冲突。

随着工程技术手段和管理方法的更新，以及人们对工程质量要求的不断提高，按照原有标准规范建造的工程项目已不能满足现行规范的要求，如《建筑设计防火规范》和《建筑抗震设计规范》等，对于建设年代较为久远的土木工程，其建设时均采用当时的标准规范进行设计施工，目前显然不满足相关防火和抗震要求，在再生利用中难度和复杂程度会增大。

2) 再生技术方面

通过对土木工程再生利用项目调研情况进行梳理，总结了目前存在的再生技术问题，见表 1-5。

表 1-5　土木工程再生利用项目再生技术问题分析

存在问题	原因分析
模式不合理	再生时未能根据土木工程特点、区位环境等因素选择最优的再生模式
成本偏高	再生中未能充分利用既有建筑结构和材料；设计不合理、过度装修

续表

存在问题	原因分析
保护与利用不足	再生中未能保护原土木工程的历史价值，未进行合理装饰装修，构件老化、污染遗迹等；再生时装饰未能充分利用原工程特点，采用大量装饰构件遮蔽既有构件，再生风格怪异
配套设施不齐全	原建筑配套设施的缺失在再生过程中未得到充分考虑，或原建筑结构构造限制，导致卫生间、停车位、道路路灯等配套设施不齐全；忽略了无障碍设计，未设置电梯，存在一定程度的使用不便
能耗高	再生过程中，保温隔热层及室内构造改造不当，对于大体量建筑，室内散热较快，冬季需更多能耗保证室内温度；土木工程的再生模式多为出租型的创意园区，运营中产生的能耗费用一般按面积摊派给用户，因此节能积极性较差
建材利用率低	部分经检测仍具有结构可靠性的构件被拆除，原有建材未得到充分利用；可被循环利用的材料未得到有效再利用
物理环境较差	由于原土木工程功能对保温隔热、通风照明的要求特殊，往往不能满足再生后的功能要求；当构造特殊、空间层高较高时，保温效果差
室外环境较差	周边环境差；绿地率低；对原有林木保护不足

3. 再生利用意义

随着人们对土木工程再生利用的重视程度逐步提高，过去一味地大拆大建已不再是理性的选择，越来越多土木工程的生命将得到延续。土木工程再生利用发展前景会越来越好，对实现可持续发展也具有重要意义。

1）促进区域复兴

对于一些由于产业结构落后、经济发展滞后且原有的功能已不能满足要求的土木工程，可以对其进行合理再生并赋予新的使用功能。只有采取合理的功能转化和可持续发展的策略，才能使这些土木工程恢复活力。在再生利用过程中通过合理的功能定位，使原有的物质空间得到持续利用，不仅会激发自身的经济活力，还能带动整个区域经济的复苏，并且达到促进区域发展和复兴的目的。如图 1-7 所示，原来的西安秦汉唐天幕广场 2017

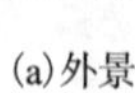

(a)外景

(b)内景

图 1-7　西安曲江大悦城

年改造成曲江大悦城，有效地挖掘了地下商业空间潜力，将露天广场变为地下共享中庭，打通竖向交通节点，以不同竖向空间加强上下联系，综合考虑建筑与城市各向人流的关系，合理规划空间节点，建立了开放型网络交通格局，推动了区域经济发展。

2) 改善生态环境

绿水青山就是金山银山，土木工程通过合理绿色再生，能够与自然环境相融合，彼此相互映衬、相互作用。研究表明，与工程建设行业相关的环境污染占环境污染总量的 34%，对土木工程进行再生利用能够避免拆倒重建过程带来的环境二次污染。此外，针对不同的地域特色，通过进行适宜性环境改造，能够营造良好的生态环境，改善区域的生活条件，最终达到人与自然和谐共生的目的。图 1-8 是广东中山岐江公园。粤中造船厂经过重新规划设计，再生为一座“造船主题”的休闲观光全开放式城市公园。采用绿岛的方式以河内有河的办法来满足岐江过水断面的要求，既满足了水利要求，也使公园增加了古榕新岛一景。

(a) 区域鸟瞰

(b) 局部近景

图 1-8　广东中山岐江公园

3) 节约资源能源

拆倒重建过程的不断更替会导致资源的重复消耗和浪费，再生利用是典型的资源能源循环利用、典型的变废为宝。在进行再生利用时，要充分考虑资源能源的合理利用及循环利用的可能性，在选择新材料及能源时，尽可能选择可再生材料及能源(如风能、太阳能、生物质能等)，这些能源形式都是无污染且可再生的，并且技术可操作性都较强，应充分利用这些能源以减少消耗。通过减少能源资源的利用，并实现资源循环利用，最终促进可持续发展。图 1-9 是深圳蛇口南海意库，改造前是位于海上世界片区的三洋厂房，由六栋四层工业厂房构成。再生利用时采用太阳能设计，增设了构架层，铺设光电板，合理利用屋面层空间，使之成为办公楼功能的补充，利于员工的休闲、活动、交流。

4) 传承历史文化

土木工程是时代发展的产物，不同发展阶段和不同地区有着不同的显著特征。不同的建筑风貌、结构形式、材料表现、色彩表现等各个方面都承载着人类文明和社会发展的历史印记，反映了时代的社会、文化、经济特色。通过再生利用的形式，将这些富有

(a)外景

(b)道路

图 1-9　深圳蛇口南海意库

时代特色的工程保留和利用起来，能够增强城市的历史厚重感，传承城市的历史文脉。图 1-10 是上海田子坊，是由上海特有的石库门建筑群改建后形成的时尚地标性创意产业聚集区。

(a)田子坊里弄(一)

(b)田子坊里弄(二)

图 1-10　上海田子坊

1.5　主要内容

1. 基本原则

为了更好地实现土木工程再生利用，应遵循以下原则，以满足经济、环境、能源、技术、文化、生态等多层次联动的要求，如图 1-11 所示。

1)可持续发展原则

土木工程再生利用不能只注重经济效益，还要保持本体与周边环境的可持续发展。通过采用适应气候和环境的规划设计策略，使用多样化的改造手段，并应用可再生能源及资源利用技术，实现可持续再生。

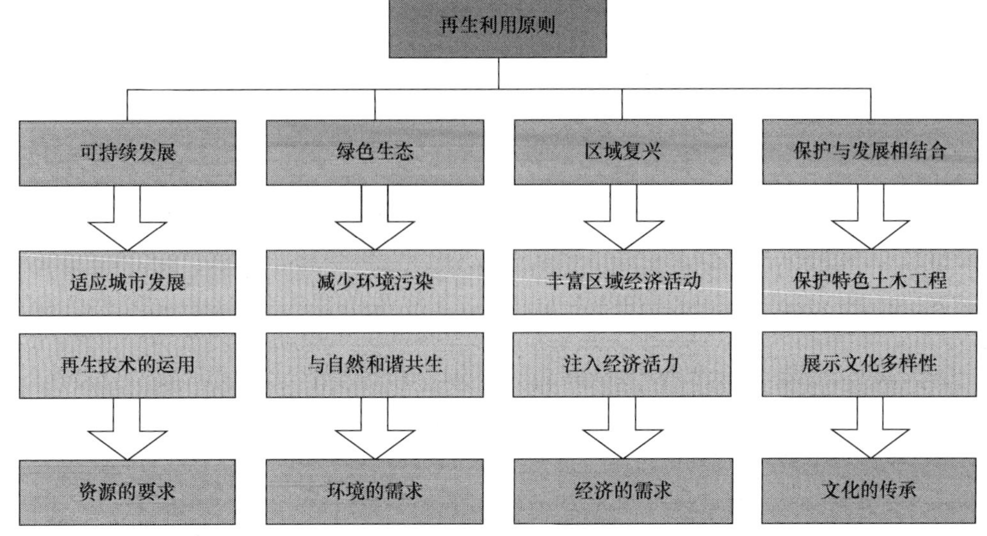

图 1-11　土木工程再生利用基本原则

2) 绿色生态原则

绿色生态原则指通过合理设计并有效地运用绿色技术手段，在对土木工程进行再生利用时实现四节一环保的目标。绿色生态是立足于整个生态环境的高度，旨在实现土木工程再生利用与区域环境的和谐共生。

3) 区域复兴原则

区域复兴原则是指不仅要实现土木工程本身的合理绿色再生，还要通过合理的规划，充分考虑再生利用项目的区位、周边环境及日后发展规划等，旨在带动周边经济的发展，促进整个区域的复兴繁荣，为区域的运转注入新的动力。

4) 保护与发展相结合原则

土木工程是城市发展进程最好的见证者，是记忆的存储罐。因此在对其进行再生利用时要坚持保护与发展相结合的原则，既要满足时代发展的需求，又要尽量保持其原貌。通过合理的再生利用，不仅要展示土木工程的多样性，更要展示中华民族世世代代建筑文化的多样性，提升区域的文化品位和内涵。

2. 影响因素

在再生利用过程中，应当对不同层面的影响因素进行深入的分析，见表 1-6。

表 1-6　再生利用影响因素

影响因素	内容
空间格局	空间格局应以城市为视角，谋求更长远的发展，除空间自身条件的约束外，同时受到区域空间规划的制约。空间格局是对区域内生态以及地理要素(自然地理与社会经济)的空间分布与配置研究
经济效益	经济效益是城市更新的重要驱动，可以促进城市产业结构的优化升级，包含区域经济利益与为城市所带来的综合经济效益。再生利用应使土木工程及周边区域的价值得到最大化利用

续表

影响因素	内容
文化价值	土木工程作为城市历史的直观表征，记录着特定地段、特定时期人们的生产、生活方式，具有城市认同感、归属感。继承与发展了优秀历史文化，丰富了城市内涵，提升了城市的文化品位与竞争力
土地使用	土地使用是在城市规划的基础上对城市土地的细分，相关部门组织不同性质的土地功能，对城市用地进行必要调整，对土地资源进行合理开发。土地是城市空间的载体，土木工程的城市存量用地对于城市更新显得更加重要
交通系统	交通系统是城市的结构骨架，交通组织会对城市区域的空间布局、秩序、形态、肌理产生重大影响。静态交通系统可以保证动态交通系统的正常运转，而动态交通系统是区域内部及区域与城市间联系的保障
空间形态	土木工程单体是城市空间最主要的限定要素，单体的空间形态会对周边环境产生影响。城市设计是将不同空间合理组合成一个有机的群体并对城市环境做出贡献，与场地内外空间、交通流线、周边环境、特定地段的文脉产生呼应，保证整体统一性
景观环境	土木工程的结构、空间、材料、色彩等具有特殊的艺术表现力，可以作为城市的特殊景观处理。这些富有特色的土木工程，在城市中形成了特殊的风貌，丰富了城市景观风貌，成为城市特色的标志，增加了城市居民的归属感与认同感

3. 主要分类

土木工程的分类较多，因此再生利用也会分成很多类。根据目前国内外土木工程再生利用的现状和发展情况，以及常见的再生利用项目类型，将土木工程再生利用分为四大类，分别为民用建筑再生利用、工业建筑再生利用、工业构筑物再生利用、其他工程再生利用，如图 1-12 所示。

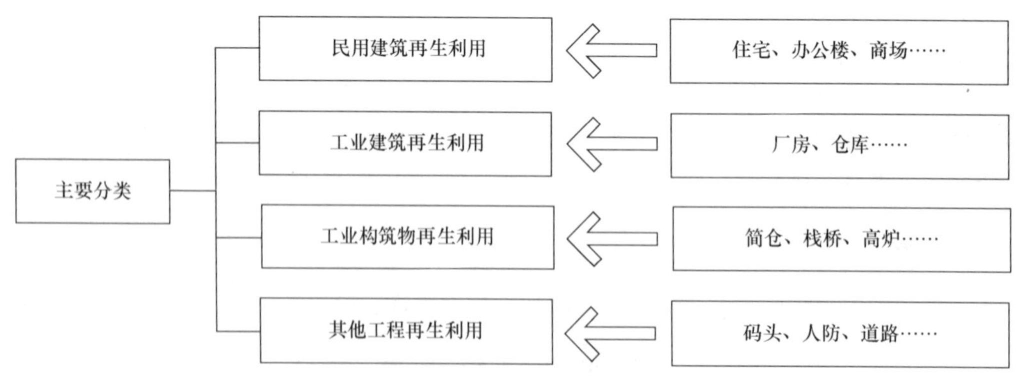

图 1-12　土木工程再生利用主要分类

4. 实施流程

目前土木工程再生利用项目在全国各地逐步增多，通过进行项目调研及资料整理，总结归纳了土木工程再生利用的实施流程，如图 1-13 所示。

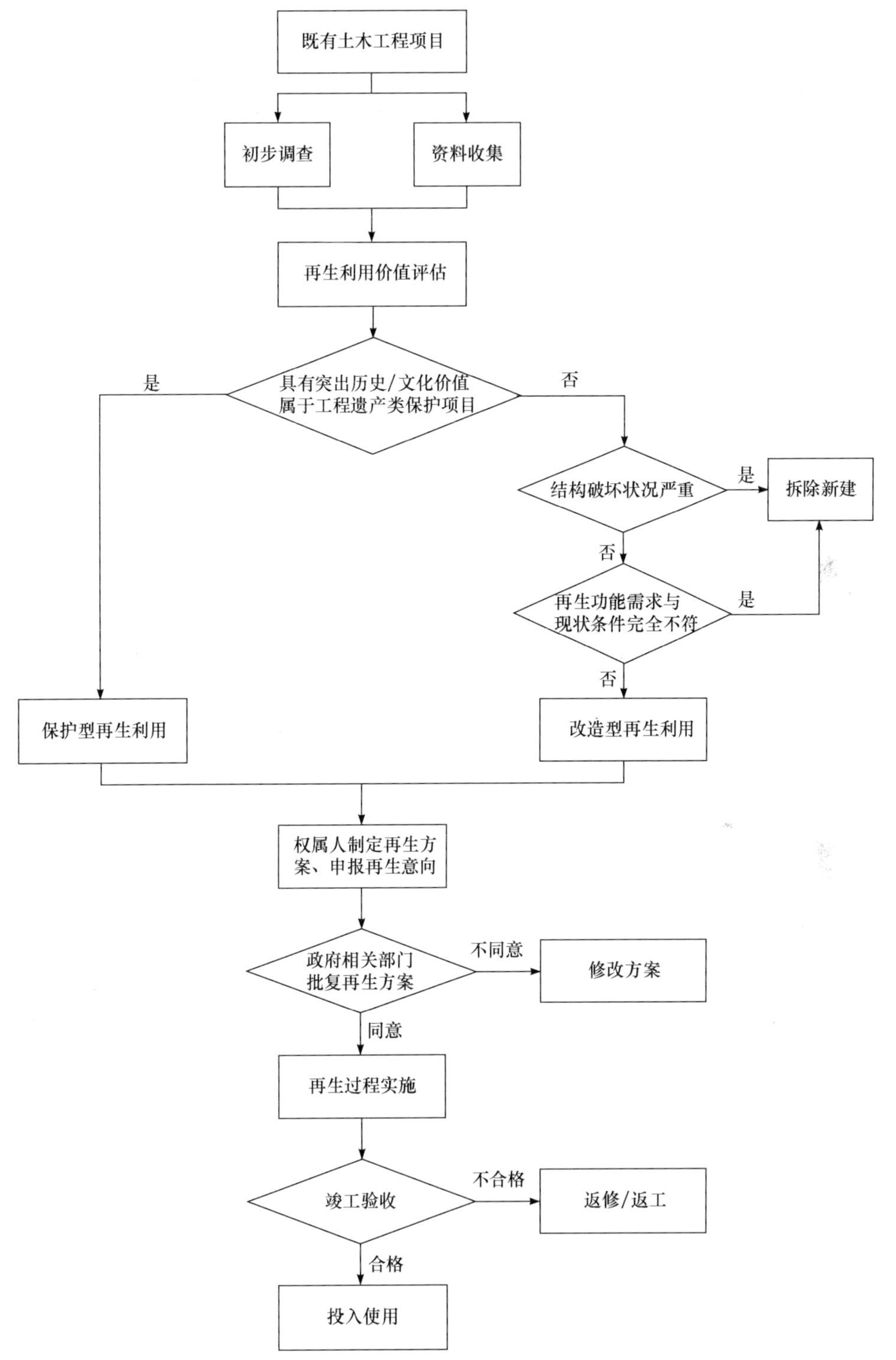

图 1-13　土木工程再生利用实施流程

思 考 题

1-1 请简述土木工程的概念。

1-2 请简述土木工程再生利用的基本内涵。

1-3 请简述土木工程再生利用的理论基础。

1-4 请简述土木工程再生利用的相关政策。

1-5 请简述土木工程再生利用的源起。

1-6 请简述土木工程再生利用的现状。

1-7 请简述土木工程再生利用的意义。

1-8 请简述土木工程再生利用的基本原则。

1-9 请简述土木工程再生利用的影响因素。

1-10 请简述土木工程再生利用的主要分类。

参考答案-1

第2章　民用建筑再生利用分析

2.1　基 本 内 涵

2.1.1　基本概念

1. 民用建筑

1) 民用建筑的概念

民用建筑是指居住建筑、国家机关办公建筑和商业、服务业、教育、卫生等其他公共建筑。

2) 民用建筑的特点

(1) 民用建筑首先应满足建筑功能要求，即建筑的实用性。其实用性具体体现在：住宅供人们生活起居；学校是教学活动的场所；园林建筑供人游览、观赏和休息等。

(2) 民用建筑除满足人们的使用要求外，还要以不同的空间组合、建筑造型和细部处理等构成一定的建筑形象，从而反映出建筑的性质、时代风采、民族风格及地方特色等，给人以精神享受和艺术感染力，满足人们精神方面的要求。

3) 民用建筑的分类

(1) 按使用功能分类。

① 居住建筑：如住宅、宿舍、公寓等。

② 公共建筑：是为社会公众提供服务的场所，如文教建筑、托幼建筑、医疗卫生建筑、观演性建筑、体育建筑、展览建筑、旅馆建筑、商业建筑、通信建筑、交通建筑、行政办公建筑、金融建筑、饮食建筑、园林建筑、纪念建筑等。

(2) 按建造规模分类。

① 大量性建筑：指建造规模不大，但修建数量很大，与人们生活密切相关的分布面广的建筑，如住宅、中小学教学楼、医院、商店等。

② 大型性建筑：指建造规模大、耗资多的建筑，如大型体育馆、大型剧院、航空港、博览馆等。与大量性建筑相比，大型性建筑的修建数量是很有限的，这类建筑在一个国家或一个地区具有代表性，对城市面貌的影响也较大。

(3) 按层数或高度分类。

① 居住建筑按层数分类：1～3 层为低层住宅；4～6 层为多层住宅；7～9 层为中高层住宅；10 层及 10 层以上为高层住宅。

② 公共建筑按高度分类：建筑高度不大于 24m 的公共建筑为单层和多层建筑；建筑高度大于 24m 的公共建筑为高层建筑(建筑高度大于 24m 的单层公共建筑除外)。

③ 建筑高度大于 100m 的民用建筑为超高层建筑。《高层建筑混凝土结构技术规程》

(JGJ 3—2010)规定：10 层及 10 层以上或房屋高度超过 28m 的住宅建筑和房屋高度大于 24m 的其他高层民用建筑为高层建筑。

2. 民用建筑再生利用

民用建筑再生利用是对原有民用建筑的再次开发使用，它是在非全部拆除的前提下，全部或部分利用原有民用建筑物实体并相应保留其承载的历史文化内容的一种建造方式。再生利用过程中可能会对原有民用建筑进行改建和扩建。

目前民用建筑再生利用的实践多为历史文化街区和历史文化名镇。历史文化街区是指经省、自治区、直辖市人民政府核定公布的保存文物特别丰富、历史建筑集中成片、能够较完整和真实地体现传统格局和历史风貌，并具有一定规模的区域。历史文化名镇是由住房和城乡建设部与国家文物局共同组织评选的，保存文物特别丰富，且具有重大历史价值或纪念意义的，能较完整地反映一些历史时期传统风貌和地方民族特色的镇。

通过分析对比，目前民用建筑再生利用价值主要体现在以下方面。

1)人类历史的记忆

民用建筑记录着人民在历史各个阶段的生活方式。在经济高速发展的今天，人们生活中常遇到的建筑物多数是钢筋混凝土等同质化的建筑物，少了很多的特色。而民用建筑是地区历史的见证，农村的古镇和城市的街区见证了某个地区经历过的重要的人和事情，这些人和事情对当地甚至国家产生了重要的影响。这些历史事件背后隐藏的丰富的精神内涵是值得我们当代人去了解和弘扬的。现代化的发展不能阻断与传统的连接，通过历史文化街区和历史文化名镇去了解这些背后的精神内涵是非常重要的。而历史文化街区和历史文化名镇给了我们当代人认识历史价值的一个场所。

2)历史文化街区和历史文化名镇的主要载体

当地的自然环境、气候、地理环境、建筑风貌、语言、特色的生活方式等代表着当地的特色，具有丰富的历史价值。保留这些特色就是保留了当地的历史记忆，它们是构成当地生活环境的基础，反映了当地的历史变迁，也将衬托出当地的历史风貌。

3)历史文化价值

历史文化街区和历史文化名镇的人生活在这里，见证了这个地区的发展，历史文化街区与历史文化名镇的生活形态具有他们祖辈的历史记忆，历史文化街区和历史文化名镇的发展反映了这个地区的人们独特的生活方式，当人们走进历史文化街区和历史文化名镇的时候，会感受到历史建筑和它本身的历史经历带来的文化内涵，而这也是一个城市历史的见证。保存历史文化街区和历史文化名镇的历史和文化就是在保留一个城市的历史精神内涵，是宣传一个城市浓厚历史文化的一张名片。

2.1.2 发展现状

通过梳理分析，发现目前民用建筑再生利用中主要存在如下问题。

1)建筑破损严重

民用建筑由于建造年代较早，有的建筑使用时间较长，建筑结构存在不安全、外观破损和建筑材料风化等问题。再加上人们在建筑上进行随意的加层和改建，电线和其他各种管线的乱拉乱接，都造成建筑结构的安全、设备设施的正常使用以及传统风貌的保存存在隐患，极少数的房屋甚至成为危房。目前有些民用建筑的再生处于无人监管、无人组织的状态，很多继续使用的民用建筑的基础设施配套不完善，房屋的安全性和人们的居住健康都受到了较大的威胁。如果不采取及时的维护管理措施，民用建筑再生利用将受到损害。

2) 功能杂乱，忽视文化效益

民用建筑的改造早期都是从下而上居民自发进行的，人们会在民用建筑的底层拆墙和窗户进行商业化买卖。因此很多处于城市中心的历史街区中存在一些小商铺、小餐馆。随着民用建筑再生利用实践的增多，政府部门开始有组织地开发部分民用建筑，进行新功能的设计，但是目前存在对民用建筑的认识不到位，又缺乏相应的法律法规或政策文件的指导，存在各城市民用建筑的功能杂乱且功能同质性问题，体现不出当地民用建筑的特色。尤其在开发商以经济利益为主要导向的情况下，往往重视民用建筑再生利用项目的经济效益，导致民用建筑独有风貌及历史文化的宣传和弘扬会被忽视，造成当前民用建筑再生利用项目的历史文化保留不佳的情况。

3) 人口结构失衡

随着民用建筑再生利用的发展，聚集了越来越多的商户，增加了大量的流动人口。但这些增加的商户并没有解决原来民用建筑居民的就业和生活问题。相反，民用建筑区域内的消费随着旅游的发展而增加，加大了当地居民的生活经济负担。一些无业人员和失业人群聚集在民用建筑内，给民用建筑的安全稳定带来了威胁。如果民用建筑的发展不解决原有居民的生活和发展问题，不仅会导致居民生活质量下降，也会使民用建筑的特有文化记忆逐渐消失。

4) 缺乏基础设施和配套服务

很多民用建筑建造年代久远，原有的生活配套设施已经无法满足当地居民基本的居住要求。作者的调研发现，民用建筑存在电线老化、经常短路，大功率电器、天然气无法使用，下雨天地面排水不畅，独立卫生间、公园和健身广场缺失等问题。另外，民用建筑的室内环境不舒适、周边绿化少和道路交通不通畅等问题也频繁出现。由于缺乏对民用建筑系统的重新规划和管理，民用建筑的原有居民陆续搬离或生活舒适感降低。民用建筑再生利用存在的问题如图 2-1 所示。

(a) 线路杂乱和立面缺乏美感

(b) 空调裸露和立面缺乏美感

图 2-1　民用建筑再生利用存在的问题

2.2 再生策略

2.2.1 建筑保护与改造

民用建筑是在长期的历史发展过程中逐渐形成和发展起来的，并随着各时期社会、经济、技术等的发展而不断演变。民用建筑的性质、建筑年代、风貌完整度和破损状况有很大的差异，这导致不同的民用建筑再生利用中的改造方式不同。一般情况下，根据民用建筑的历史文化价值，将其分为文物建筑、重要建筑、一般建筑和拆除建筑。

1) 处理方式的选择

不同历史文化价值的民用建筑再生利用过程中的处理方式一般分为保存、保护、更新及拆除四种。

(1) 保存。对民用建筑中的文物建筑应采取保存的处理方式，即保持原貌，反映建筑真实的历史遗存。对文物建筑而言，应根据建筑的具体情况，采取直接保护法(加固、修复、适宜地使用等)或间接保护法(维持现状，防止进一步破坏)。图 2-2 是对山西省王家大院的文物建筑的保存。

(a) 建筑的保存(一)

(b) 建筑的保存(二)

图 2-2 王家大院

(2) 保护。对民用建筑中历史文化价值较高(历史悠久、风貌保持较好)的重要建筑，应采用保护的处理方式。即保护建筑的传统风貌，对建筑的立面、屋顶等建筑外观严格按照重要建筑的保护要求和原则进行修复与维护，保证历史建筑的原真性。建筑的内部空间布局和设施放置应在不破坏建筑原风貌的基础上满足新功能的使用要求，进行合理适宜的保护。

(3) 更新。对历史文化价值一般、风貌一般、质量一般的民用建筑，应采取更新的处理方式。建筑的更新根据具体情况可分为改造与重建两种方式：改造针对的是那些建筑结构尚完好、内部空间经改造后能够满足日后使用功能要求的建筑，按其原有风貌特征进行修缮、更换或改造，立面、屋顶等建筑外观尽量采用传统材料和传统工艺，重点改造内部空间和设施；重建针对的是那些质量较差或已完全毁损、内部空间难以满足日后使用功能要求的建筑，按照历史街区建筑的形态特征，在原有院落、建筑的边界或边界范围之内进行新建。新建的建筑在体量、形式、色彩等方面应与整体建筑风貌协调统一，在可能的情况下，尽量利用原有的材料和构件，或在重要的建筑界面使用传统材料。重要的是，在民用建筑再生利用项目中应严格控制重建建筑的数量，否则会降低项目的历史文化价值。长沙西园北里建筑多采用建筑更新的方法，如图 2-3、图 2-4 所示。

(a) 仿原建筑材料建筑

(b) 仿原建筑形式建筑

图 2-3　西园北里内的建筑更新

(a) 更换窗户

(b) 更换立面材料

图 2-4　潮宗街内建筑的改造

(4) 拆除。对历史文化价值不大、建筑风貌保存完整性差、建筑质量差的一般建筑，可采取拆除的处理方式。

2) 尺度关系的把握

民用建筑，无论是改造，还是重建，都应严格控制其建筑高度，使其与原民用建筑高度大体一致。有特别需要时，在不破坏原建筑整体性和风貌特色的前提下，可在适当范围内增加或降低建筑高度。

3) 适宜材料与技术的使用

对民用建筑外立面的保护修缮，应尽量使用与原建筑一致的传统材料和工艺，再现原有建筑的风貌特色，对建筑内部的处理，应选择适宜的传统或现代的材料、技术，以满足日后的使用需求；对项目中现代建筑外立面的改造，应以实现与项目整体建筑风貌相协调为目的，根据实际需要，可以灵活地选择传统或现代的材料与技术。此外，民用建筑中的新建建筑，可根据具体情况选择建成传统风貌建筑，或建成与传统风貌相协调的现代建筑：若建成传统风貌建筑，外立面应采用与项目传统建筑一致的材料与工艺，根据内部今后的使用功能，选择适宜的材料、工艺进行处理；若建成与传统风貌相协调的现代建筑，在材料的选择上，宜首选当地传统材料，并允许现代材料的使用，通过适宜的形式、技术，充分展示地域特色，如图 2-5、图 2-6 所示。

图 2-5　太平街建筑的更新

图 2-6　潮宗街建筑的更新

2.2.2　空间梳理与整合

1) 空间梳理

民用建筑内的建筑与空间共同形成了独特的空间肌理。它们承担着民用建筑内的交通组织功能，并且为内部活动的发生提供了公共空间。

民用建筑再生利用要从整体上保持原有的空间布局和尺度关系，这是其历史文脉和场所精神延续的关键。由于民用建筑最初仅是居民生活的聚落，道路走向、尺度与当时的社会生活状态与人口密度等相适应，多为较窄的直线形街道。然而，民用建筑保护与更新最终是面向社会大众开放的，为了适应今后高密度的游客穿行需求，在不破坏整体空间布局和尺度的基础上，可以通过在主要道路之间增设小径或设置地下通道等方式来加强相邻区块之间的联系，并分散人流，或者通过拆除旧的建筑与新建建筑后退等方式，将局部区域放大为节点，并结合景观设计或活动引入等吸引游客驻足，在丰富游客空间体验的同时，增加街区的空间容量。

2) 内部功能整合

民用建筑空间功能与活动的多样性是实现街区复兴和可持续发展的保证。改造工作需要结合民用建筑的历史文化、地域特色和现代人的需求，为街区注入多种业态和活动，满足人们体验区域历史文化、感受当地特色及享受现代休闲生活的需求。然而，若将各种业态和活动毫无组织地混杂在一起，不仅会使民用建筑区域陷入无主题的混乱之中，还会严重削弱甚至抹去民用建筑不同空间的差异，造成游客空间感受的单一。

因此，民用建筑的保护与更新过程中，需要对其内部的功能、业态进行合理的布局整合。传统的道路格局使街区自然产生了一种空间秩序，可以根据道路划分的不同区域及各区域特征，对各区域进行不同的主题定位，再根据主题定位的不同为各区域注入适宜的业态种类，从而更好地满足游客的游憩需求，并使其获得丰富的空间感受。

3）内外环境资源整合

民用建筑的保护与更新过程中，要将民用建筑置于整个城市、县城或村镇中，建立起民用建筑与外部环境之间的密切联系，统筹民用建筑内外环境资源，包括对民用建筑外围空间的利用与对周边重要商业及旅游等资源的整合。对外围空间的利用可以形成对民用建筑内部功能的有效补充与完善。与周边重要商业及旅游等资源的整合，有利于民用建筑的持续发展，并形成整个片区发展的重要推动力。

对民用建筑外围空间的利用主要是指对外围建筑的使用。首先通过对建筑立面的设计改造及内部结构的必要调整，使其与民用建筑风貌相协调，并满足日后的使用需求。在功能、业态的规划选择上，应形成与民用建筑区域内部功能与业态的互补。

此外，还可以通过对不同路段进行不同的主题定位，分别引入与主题相匹配的业态与活动，结合景观设计，形成不同的空间氛围，使游客在游览过程产生丰富的空间感受和体验，避免其产生单调与乏味感。

2.2.3　功能更新与拓展

对于民用建筑再生利用，其功能应考虑现代人的日常生活、文化体验与休闲旅游需求，统筹街区的文化、商业、休闲旅游、居住与商业等功能的发展，通过适宜的、多元化的业态与活动引入，激发街区活力。

1）文化功能

民用建筑是承载地方历史与记忆的地方，是人们认识一个地方、一座城市的窗口。因此，对民用建筑的改造，需要将当地特色文化融入其中，充实民用建筑的内涵，彰显其作为民用建筑资源的真正价值。对民用建筑的保护与更新，要保护街区的物质环境要素，延续街区的历史文脉，反映当地的建筑文化与民居特色。此外，以街区物质空间为载体，通过商业经营、文化展示、民俗表演等活动，将当地传统民俗文化、饮食文化、市井文化、宗教文化等具有地域代表性的文化展示出来。另外，在全球化的时代发展潮流下，产生了许多文化创意产业，深受现代人喜爱。由于创意文化自身的文化属性及其所具有的时代感，创意文化在城市更新过程中发挥着重要的作用。因此，对于民用建筑的改造，可以将这类文化元素纳入进来，丰富和扩展文化类型，满足现代人的休闲文化体验，充实其文化内涵，如图 2-7、图 2-8 所示。

2）商业功能

商业活动原本就是民用建筑中居民生活的重要组成部分，通过对传统商业活动的引入，可以呈现地方生活的真实感，使游客真切地感受到地域特色。另外，随着时代发展，人们的消费观念发生了很大变化。传统的商业模式，如日用品零售店模式已不能适应当下人们的需求，体验式消费、主题式消费成为主流，而且人们对消费环境的要求越来越高。

图 2-7　安居古镇的历史建筑

图 2-8　安居古镇的场所复原

因此，要实现民用建筑的复兴，在商业业态及品质的选择上，应充分考虑现代人的需求，将商业活动和文化体验相结合，将地方特色商品与现代创意文化商品的展示、销售相结合，如图 2-9、图 2-10 所示。

图 2-9　南锣鼓巷商业街主街道

图 2-10　南锣鼓巷商业街次街道

3) 休闲旅游功能

民用建筑再生利用项目可作为城市重要的文化与休闲旅游景区来打造。首先，通过改善民用建筑的环境质量和基础设施条件，满足现代人的生活与使用需求；其次，充分挖掘利用民用建筑的历史文化资源和城市特色文化资源，通过视觉环境要素设计、公共活动空间营造及多元业态的引入等展示地域文化特色，满足人们的文化体验与休闲游览需求，打造高品质的文化与休闲旅游目的地。特别强调，将民用建筑作为重要的旅游资源来打造时，应为其提供便捷的外部交通条件与安全舒适的内部交通环境，如图 2-11 所示。

4) 居住与商业功能

民用建筑的原有居民是民用建筑的文化基础和活力源头。民用建筑的居住功能是承载衍生其他功能与文化的基础。因此，对民用建筑居住形态的保护与发展应成为保护与更新工作的一个重点。一方面，改造工作应保留或原地回迁部分住户，尽量保持其原有的生活

(a)游船休闲

(b)风景旅游

图 2-11　同里镇

方式与邻里空间氛围，通过改造既有住宅、改善基础设施条件与环境质量，满足街区居民的生活需求，并提供与其生活方式配套的商业业态和活动场所，使居民对改造后的建筑空间依然拥有认同感与归属感；另一方面，通过在民用建筑周围进行规划和新建安置住宅区并提供生活配套服务，来疏散街区过密的人口。图 2-12 是太平街改造后的新功能，有居住功能和商业功能。

(a)太平街内一楼商业

(b)太平街内二楼居住

图 2-12　太平街

2.2.4　景观系统的设计

1)地面铺装设计

民用建筑再生利用项目的地面铺装设计应与整体建筑风貌相协调，营造独特的地域文化氛围。如果原有地面铺装保存状况较好，并且体现出民用建筑悠久的历史和地域特色，则可以通过保存、更新的方式保持原有的铺装形式；如果原有地面铺装破损严重，且现有铺装形式不能够体现出民用建筑原有的历史文化氛围，则应根据建筑整体环境保护与改造的设计要求对其进行重新设计。关于铺装形式，应该遵守简洁性、整体性、多样性的设计准则，即整体铺装形式宜简洁，在细部设计或重要景观节点的位置上，可通过特殊的铺装材料、形式或装饰图案设计等来体现区域特色。在材料选择上，应以青砖、青石板、鹅卵石等区域性传统材料为主，通过其色彩、质感、肌理等突出民用建筑悠久的历史文化氛围。

2）绿化设计

对于民用建筑再生利用项目的绿化设计，首先应对项目的古树名木进行保存和保护。在此基础上，根据项目现有的绿化情况及整体规划设计要求，对其进行种植设计。在植物的选择上，应以当地的乡土植物为主，突出地方特色，反映地域植物文化。在绿化形式上，一般以行道树绿化为主，尽量为游客提供亲切舒适的林荫空间，同时柔化项目生硬的建筑立面。此外，还可以结合花箱、花钵、植物盆景及攀缘植物等，丰富街区植物配置，装饰美化空间环境，营造特定的空间氛围。

3）店面设计

民用建筑再生利用项目的店面设计对项目整体风貌影响极大，常常构成建筑的二次轮廓线，其设计建立在对项目功能布局和业态引入的基础上。一般而言，项目中的每条街巷都有自己特定的功能和主题定位，相应地，每条街巷的店面店招设计在形式、色彩等方面应与各自的功能、主题定位相呼应，烘托特定的空间氛围。同时，其在形式与材料等的选择上要与街区建筑相融合。民用建筑再生利用项目在业态选择上，以突出地域文化与特色为重点，经营种类主要包括当地特色餐饮、特产小吃、民俗服饰、特色手工艺品及地方文艺展演等。此外，还有许多与传统空间氛围相适应的其他业态种类，如茶艺店、古玩店、书画室、精品书店、特色客栈等。对于它们的店面装饰和店招设计，可以根据具体经营内容，从地域文化中汲取灵感，提取地方元素，以传统装饰材料为主，做出适宜的造型与图案，以突出地域文化特色。另外，为了满足现代人的休闲体验需求，民用建筑再生利用项目中常常会引入一些现代休闲体验类业态，如甜品店、酒吧、咖啡厅等，其店面装饰与设计面积不宜过大，色彩不宜过于鲜艳，应充分考虑与传统民用建筑风格的协调问题，通过一定的创意，实现现代与传统的完美结合，如图 2-13 所示。

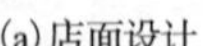

(a)店面设计

(b)统一风格的店面

图 2-13　南塘老街

4) 景观设施与小品设计

民用建筑再生利用项目中的景观设施与小品包括各种灯具、座椅、垃圾桶、售卖亭、指示牌及雕塑等，它们的形式、大小、位置、数量、色彩、质感等都会对项目整体风貌产生重要影响。同时，它们作为空间中公共性的环境要素，极易被大众感知，因此可以将其视为地域文化与特色的载体。在对其进行设计时，要充分挖掘和利用地域文化资源，通过提取典型的地域文化符号与元素，以借鉴、简化、重组等设计手法，展示地域文化与特色。需要特别注意的是，对于服务性景观设施，如垃圾桶、座椅等，在形式、大小、数量等方面应充分满足游客的使用需求。此外，民用建筑再生利用项目中的景观设施与小品设计，在主题表达、材料选择、色彩应用等方面，应注意与建筑传统风貌相协调，在此基础上，鼓励现代创意的发挥，以现代语言展示地域文化与特色，并形成形式多样、内容丰富的景观环境系统。图 2-14 展示了龙门浩老街的景观小品。

(a) 景观小品(一)

(b) 景观小品(二)

图 2-14　龙门浩老街

2.3 再生要点

2.3.1 提升肌理空间

肌理空间的提升是对民用建筑肌理空间的延续与发展。优化民用建筑部分肌理空间，拆除并重建不满足现代社会需求及新功能的局部空间，使得新老空间肌理形成良好衔接的同时，肌理空间表达的民用建筑再生的文化意义得以传承。空间肌理主要包括民用建筑的历史建(构)筑物的完整性及建筑风貌、空间环境质量、道路交通、水网体系等要素。可采用多种方法对民用建筑的肌理空间进行改善和提升，如对民用建筑内的历史建(构)筑物进行拆除、改建或保存，对既有空间环境进行质量检测和监测，对道路进行相应的维护，设计适宜于民用建筑新功能特征的路网，更新或增加完善相应的基础设施，放置特色的景观小品等。肌理空间作为民用建筑最重要的部分，是民用建筑历史文化传承的物质载体。肌理空间提升的机制对其效果起着关键性的作用，例如，传统观念、自然环境、社会人文等因素的内涵挖掘对肌理空间的提升有着很大的影响。肌理空间的提升有利于民用建筑特色历史文化的表达，更有利于增加空间资源价值。同时，肌理空间采用小规模、渐进式、可持续的方式有利于避免对民用建筑原肌理空间的建设性破坏。图 2-15 展示了成都市宽窄巷子对历史街区历史建筑的保存及空间环境质量的提升。图 2-16 展示了青岩古镇的自然环境与建筑物、道路等的部分肌理空间。

(a)历史建筑保存

(b)空间环境质量提升

图 2-15　成都市宽窄巷子

(a)空间肌理的延续

(b)古镇道路与风景的协调

图 2-16　青岩古镇

2.3.2　明确功能定位

民用建筑的保留和传承应有明确的功能定位。民用建筑的传统功能空间可能会不适应时代发展的需求。功能的定位指通过调整历史文化名镇的结构、优化空间布局，从而提升功能空间的效用水平，实现历史文化名镇的可持续发展。民用建筑的新功能应有其本身的文化特色，应深入挖掘其本身的历史，探索适宜的新功能。在确定民用建筑的新功能后，应对民用建筑原业态进行重新的规划及调整，将不再符合历史文化街区定位的业态迁出，适当引入一些具有文化创意产业或相关配套的旅游服务，使其不同于一般新建城市街区的同时，可以带动历史文化街区经济的发展并激活其活力。也就是说，新功能不仅要保留历史特色，还应具有一定的经济效益。

民用建筑再生利用功能空间的优化可以通过保留、置换、引入等方式进行。保留是指延续民用建筑的传统功能空间，同时要延续居民相应的生活方式；置换是指保留民用建筑的物质空间，但改变其功能业态，赋予其适宜发展的新功能；引入是指在延续民用建筑传统功能空间的基础上，将旅游、商业等多种功能引入民用建筑中，并使各功能可以相互协调助力发展。图 2-17 展示了西安市回民街的功能定位——传承回族美食。图 2-18 是嘉兴市历史文化名镇——乌镇，其功能空间的提升是非常成功的。

(a)美食街　　(b)特色美食

图 2-17　西安市回民街

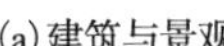

(a)建筑与景观　　(b)乌镇举办活动

图 2-18　乌镇

2.3.3　营造文化氛围

民用建筑不仅具有历史建(构)筑物及传统的物品等有形资源，还有很多独特的文化氛围。民用建筑见证了当地发生的历史事件和某些重要人物的重要历史事迹，也记录了生活在当地的人们与历史信息互动所留下来的记忆，这些无形的资源引发了人们在记忆中深刻的文化认同感。因此，在民用建筑再生时不仅要关注有形的资源，更要应用建筑内无形的资源。民用建筑再生利用规划时应挖掘其历史信息，提取独特的文化符号，将其特色的历史文化通过空间表现出来。例如，保护和部分改造建(构)筑物，充分利用既有的建筑结构和材料，保留其建(构)筑物的历史痕迹；用景观小品讲述民用建筑经历过的有意义的故事。图 2-19 是长沙市化龙池，表现了化龙池历史文化街区的文化氛围。图 2-20 展示了陕西省陈炉古镇，其通过罐罐砌墙和瓦片铺路等方式渗透文化内涵。

(a)化龙池入口

(b)化龙池景观

图 2-19　长沙市化龙池

(a)罐罐砌墙

(b)瓦片铺路

图 2-20　陈炉古镇

另外，民用建筑再生利用文化的根本是社会人文的传承。社会人文内涵是民用建筑肌理空间的灵魂，是民用建筑再生利用文化意义的根基和人文魅力的重要因素。在民用建筑再生利用文化内涵的挖掘中，应该保护区域内原有居民的生活。保护居民的生活方式也是对历史文化的保护和传承，以本地居民的生活特征作为民用建筑再生利用保护与发展的出发点，注重以本地居民为核心的动态保护，避免为了追求短期的经济效益和利益最大化使得原有居民的生活特征消失。民用建筑的原有居民和经营者应意识到民用建筑历史文化传承的重要性，并应积极参与到营造文化氛围中。另外，应在延续民用建筑社会人文特征的基础上，尊重原有居民的生活意愿，提升他们的生活质量，增加就业岗位，实现民用建筑再生利用文化内涵的可持续性。图 2-21 展示了安居古镇对居民生活特征的保留。

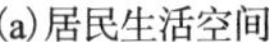

(a) 居民生活空间

(b) 配套商业空间

图 2-21　安居古镇

2.4　典 型 项 目

2.4.1　磁器口项目

1. 项目概况

磁器口古镇历史悠久，自建成迄今已有 1000 余年历史，又因其东靠嘉陵江，三面环水，水陆交通便捷，明代便逐渐形成了水陆交汇的商业码头。“磁器口”最初名为“白岩场”，建造于宋真宗咸平年间，明建文四年，建文帝朱允炆被其四叔朱棣篡位，削发为僧流落至巴渝，曾在白岩山上的宝轮寺隐匿多年。久而久之，百姓知情后，便以真龙天子曾隐居于此的历史将“宝轮寺”更名为“龙隐寺”，“白岩场”也改称为“龙隐镇”。清末民初，磁器口已是房屋密集、商贸发达，各种商号、客栈、茶楼、酒肆林立，川剧、评书、元宵火龙、划龙舟、放花灯等各种民间活动长年不断，呈现出一派兴盛的景象。1918 年，瓷器本地商绅集资在镇中创建“蜀瓷厂”，远销蜀外。后来随着工艺进步，瓷器品种增多，名气也逐渐扩大。同时，古镇也汇集了沙磁文化、红岩文化、巴渝文化、宗教文化等地域性显著的地方文化。磁器口典型景观如图 2-22～图 2-25 所示。

图 2-22　磁器口入口处

图 2-23　和美大院

图 2-24　宝轮寺

图 2-25　龙隐禅院

民国时期，重庆成为陪都，由于水运交通便捷，龙隐镇成为嘉陵江中上游各个州、县和沿江支流的特产集散枢纽，城里的一些大商贩在龙隐镇开设分店收购货物，输出棉纱、布匹、煤油、盐糖、日用百货、五金、颜料、土碗、土纸和特产烟丝等。码头河坝中搭建起临时街道，有上河街、中河街、下河街。还有专业性的木竹街、铁货街、陶瓷街和猪市、米市。由于龙隐镇以出产瓷器闻名，商业日渐兴荣，当地商人渐渐将“龙隐镇”改名为“瓷器口”，缘由是这样更贴切、顺口。后来，因为“瓷”与“磁”相通，“瓷器口”又改名为“磁器口”。磁器口的商贸集中在大码头和靠码头的金蓉正街，除大码头外，还有历史悠久的 4 家丝厂、1 家制泥厂、24 兵工厂（现特钢厂）、25 兵工厂（现嘉陵厂），都设有自己的货运码头。码头上从早到晚，水陆两路，商旅川流不息，装卸搬运，络绎不绝。行商坐商，批零量购，货畅其流。大码头右侧的豆芽湾，是米粮帮、木材帮、篾货帮、煤炭帮的地盘。与码头河街相邻的是铁货街、猪市、鸡鸭蛋市和盐市口。此时，各行业的同业公会都设有专属事务所，食品糕点业、棉纱布业、茶馆酒馆鳞次栉比。磁器口商业气息浓厚，整体繁华依旧，过往商旅川流不息，被誉为“小重庆”。1958 年，码头移至汉渝路，磁器口过去水陆码头的集散地和中转站的作用，逐渐消失。为了保护这片蕴藏丰富历史和文化的遗迹，政府采取修复明清建筑风格等措施进行开发，将磁器口古镇建设成为民俗文化街区景点。

磁器口早有九宫十八庙之美誉，宝轮寺便为其中的典型之一。宝轮寺地处磁器口过街楼对面，背依白岩山，面对嘉陵江。建于宋真宗咸平年间，至今约 1000 年历史，为重庆市最负盛名的佛教名刹之一。宝轮寺与大多数古村镇寺庙的布局相异，并非坐北朝南，而是坐西向东，正门朝东。其中，宝轮寺大雄宝殿建筑面积约 250m^2，面阔三间，是重檐歇山式建筑。宝轮寺现为市级重点文物保护单位。

磁器口古镇的原建筑类型主要有私家建筑、商业建筑、公共建筑，现多为商业建筑。主要的私家建筑分布在主商业街后方，依山而建，傍水而行，整体呈东西向点状聚集，形成了典型的山地群落。其中，商业建筑仍多保留传统建筑结构，并在此基础上进行改造更新，少数为全部新建的仿古建筑。因此，磁器口古镇现状是仍保留一些优秀且极具川东民居特色的传统建筑。

磁器口拥有线形的街道空间、宜人的空间尺度，高低错落的建筑轮廓线充分展示了山地建筑的特色。街道两侧是典型的巴渝沿江山地建筑风格，独具特色的民居和山体巧妙融合。磁器口被两条缓河切为金碧街、金沙街和金蓉正街，三块呈“川”字形排列。三条街道通过桥梁相连接，不通汽车。一条石板路从江边蜿蜒逶迤，向上坡方向延伸，顺着石板路进入场中心就是千年古寺——宝轮寺。随着地形的起伏变化，街区形成若干个曲径通幽和富于转折变化的小街巷。街巷的建筑依山就势，错落有致。有小天井四合院建筑、穿斗式木结构建筑、小青瓦民居，有砖木结构和砖石结构的院落，也有民国时期中西合璧的近代建筑。各种建筑相连成片，构成独特的山地沿江城镇建筑景观和风貌圈。

2. 再生过程及再生效果

(1)磁器口街区建筑风貌的保护。

在磁器口重要的街区，政府部门对民居的建筑外观、材料、颜色、尺度和街区的景观风貌有严格的统一要求，并对主要街区商铺的门面和风格有统一的要求。这些要求符合历史文化街区再生的基本原则，采用与历史文化街区历史相和谐的质感和色调，充分体现明清时期的文化特色。对街区的景观小品、公厕、指示牌、广告牌、路灯也要求有明清特色，如图 2-26、图 2-27 所示。另外，从 2001 年开始，地方政府管理部门对街区重点建筑(如张家院、李家院、钟家院等)进行了抢救性维修，更换了损坏的构件并粉刷了墙面。

图 2-26　街区统一的外观

图 2-27　街道门面

(2)磁器口街区基础配套设施的完善。

根据磁器口街区民居的历史价值和建筑使用情况，将其分为拆除类、保护类、修缮类、更新改造类四种类型，并采取相应的再生策略。另外，由于民居建造年代较早，很多基础配套设施不完善，通过对民居增设部分基础配套设施，例如，对于生活能源，将原来的煤炭改为天然气，减少了有害气体的排放，提高了居民的生活幸福感和舒适感，也降低了能源消耗。同时对建筑进行了绿色设计，如图 2-28、图 2-29 所示。

(3)对空间环境的保护。

磁器口街区作为重庆市最有名的历史文化街区之一，无论是节假日还是平常，游客较多，给磁器口街区的卫生管理带来了很大的挑战。但磁器口的管理部门很好地进行了区域内的卫生管理，相对干净整洁的街区环境提高了游客的满意度。

图 2-28　街区绿化

图 2-29　街区墙上的植被

2.4.2　安居古镇项目

1. 项目概况

安居古镇位于重庆市铜梁区，地处琼江、涪江两江交汇南岸，是铜梁区北部的重要水陆交通枢纽和经济副中心，因境内有大安溪(琼江)而得名，有安居乐业之意。古镇发展历史悠久，隋唐时期就已成为涪江下游的重要场镇，场镇形成距今已有约 1500 年历史，是重庆市历史文化名镇之一，并于 2008 年被授予“第四批中国历史文化名镇”称号。镇内传统民居的建筑空间形态布局整体而言多依山傍水、因地制宜、随形就势、错落有致，带有典型的巴渝山地传统民居特色。古镇景观如图 2-30～图 2-33 所示。

对于安居古镇文化遗产旅游资源，可从旅游资源的文化物质属性分为物质文化遗产和非物质文化遗产两大类。其中，物质文化遗产又可分为寺庙会馆、宗祠建筑、民居庭院、县衙官署、古遗址、古街巷、古桥/古渡口七类。从图 2-34 可看出，古镇文化遗产旅游资源丰富，有着深厚的历史文化内涵和地域文化特色。只要对这些有利的传统文化遗产旅游资源加以深刻挖掘、科学规划、整合设计、形象定位，必然能为古镇的文化功能提升、可持续发展找到一条合适的路径。

图 2-30　古镇入口处

图 2-31　古镇墙面宣传

图 2-32　古镇风景

图 2-33　古镇街道

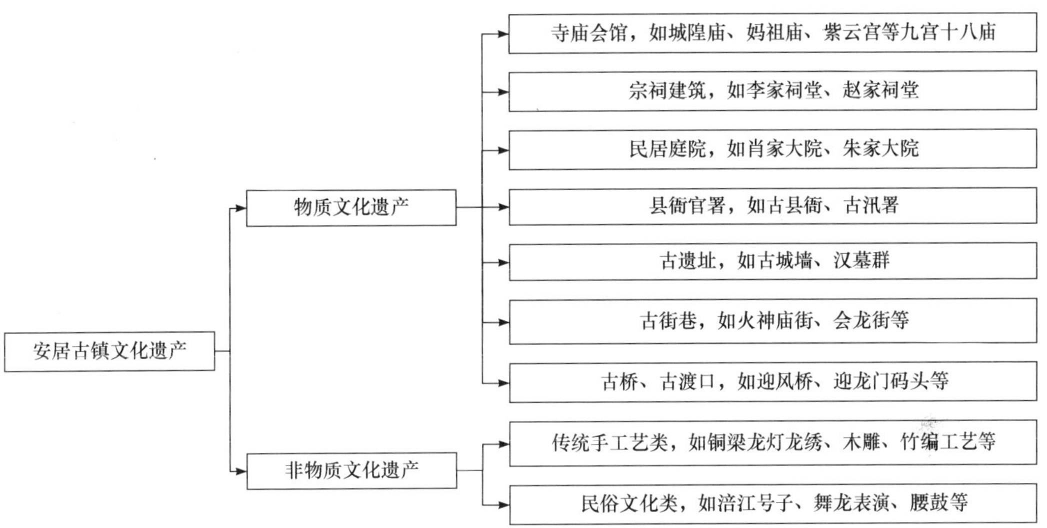

图 2-34　安居古镇文化遗产分类图

2. 再生过程及再生效果

(1) 对安居古镇内重要的古建筑、古遗址等进行了科学的原址保护，并对建筑的结构安全进行了修复。古建筑内也进行了原场景复原、原空间布局展示，这直接生动地展示了当时的生活场景，并且有专人对古建筑和古遗迹进行日常专门管理，如图 2-35～图 2-38 所示。对一般居民住宅的外部墙面进行了统一的风格和色彩处理。不仅对安居古镇的建筑物进行了很好的保护，也对古镇原有居民的生活进行了保护。通过维持古镇居民正常生活，并增设适当的生活需求配套设施，古镇的绝大多数原有居民都在古镇居住，古镇的生活方式被保留和传承下来。另外，政府部门在居民之间极力推广传统文化保护宣传教育工作，增强居民文化遗产保护意识，引进专业人才，推动相关产业化设计，拓展文化创意产业布局。

图 2-35　天后宫

图 2-36　火神庙

图 2-37　卧室场景复原

图 2-38　古镇街道建筑

(2) 安居古镇有着特色龙文化、码头文化、移民文化、饮食文化、九宫十八庙建筑文化等相关地域文化，镇政府努力结合相关历史文化打造特色的古镇文化，发展古镇特色文化旅游。安居古镇放置了很多的景观小品，这些小品是对古镇原有生活特征的体现。小品的场景再现可以让游客想象古镇多年前居民生活的方式，更好地展示了古镇独特的生活方式，如图 2-39 所示。

(a) 景观小品（一）

(b) 景观小品（二）

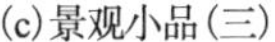
(c)景观小品(三)

(d)景观小品(四)

图 2-39　景观小品

(3)安居古镇有着丰富且多样的自然景观和人文景观旅游资源。地方政府对景区的生态环境进行科学规划、合理布局和有效保护，使得当前安居古镇的生态环境非常好。在古镇入口处种植了大量的植被和树木，努力提高古镇的生态环境，并打造生态旅游，如图 2-40、图 2-41 所示。

图 2-40　古镇绿化

图 2-41　古镇树木植被

2.4.3　太平街项目

1. 项目概况

太平街历史文化街区位于长沙城区中心地带，北至五一大道，南到解放路，西至卫国街，东到三兴街，自古就是长沙城文化、商贸一体的繁华地。该区至今仍保留了众多的文物古迹、历史遗迹，如贾谊故居、长怀井、明吉藩王府西牌楼旧址、辛亥革命共进会旧址；众多的老商号、戏园茶楼，如乾益升粮栈、利生盐号、洞庭春茶馆、宜春园等，是长沙古城特色风貌的集中体现。太平街历史文化街区的主要范围为沿太平街、西牌楼、马家巷、孚嘉巷、金线街、太傅里两侧的历史街区核心保护区。太平街历史文化街区的典型景观如图 2-42、图 2-43 所示。

图 2-42　贾谊故居图

图 2-43　太平街临街商铺

2005 年长沙市人民政府对太平街区进行了修复改造，保留了明清“五街三片一点”的街巷格局，原真性修复了历史建筑遗迹，修复了以青石瓦、坡屋顶、封火墙、木石仿古为主要特征的民国民居风貌。重建修复改造后的太平街历史文化街区在很长一段时间成为长沙市民与外地游客休闲游玩的首选之处。

2. 再生过程

(1)民众参与保护。

由于太平街历史文化街区存在大量民居建筑，对其进行更新和保护时，一方面投入人力、物力较大，另一方面群众的意见难以统一，从实施到结果都难以称得上“保护”。而居民的自建行为则是每户居民从自身的角度出发，为每栋建筑“量身定做”更新方案，这样政府投入少且能对民居建筑形成动态保护。因此如果能将居民自建引导成为传统的、美观的、生态的、健康的建设行为，对历史街区的保护将是非常有意义的。①政府层面的引导。历史街区的民居建筑作为街区肌理的一部分，是历史街区整体风貌的重要体现，具有一定的正外部性。政府的支持是自建行为得以正常进行的前提和保证，没有政府扶持的自建只能处于低效、粗放的状态。因而政府应对其提供一定的支持和鼓励，给予法律保证和技术支持，使居民自建走上一条健康的道路。②专业人员的引导。自建行为需要专业的规划、建筑设计人员的引导，通过与居民的交流和对建筑的调研，专业人员可以对每栋建筑提出专业的改造意见。③居民交流平台的建立。由于自建行为是自发性的建设行为，过于自有则会产生相应的纠纷，因此应建立相应的交流互动平台，居民在专业人员的引导下制定自建的相关契约，相互监督、相互规范，使自建行为真正成为动态的、生态的保护措施。

(2)保护与利用。

对太平街历史文化街区内的历史建筑采取保存、保护、整饬、暂留、更新等措施。①保存，即保存原样，在进行修缮、保养时不改变其原状。②保护，就是对建筑的原有风格、风貌加以保护，并在保持街区整体风貌协调的情况下改善居住环境。保护主要针对的是太平街历史文化街区中质量和风貌都相对比较好的历史建筑，具体做法为采用与原来相同的材料对建筑外立面进行修复，根据需要改善建筑内部的布局和设施。③整饬，对不符合太平街历史文化街区整体格局和风貌要求的建筑形式如立面、风格等进行强制性的整饬以恢复历史建筑原有的风貌或者降低其与街区环境的冲突。④暂留，主要针对与太平街历史文化街区格局、风貌不协调的建筑，本应拆除或改建，但是由于各种原因无法实施而暂时维持现状，待条件成熟后再进行拆除、改建。⑤更新，针对与太平街历史文化街区格局、风貌有较大冲突的建筑物、构建物，且条件成熟，对其采取拆除更新的措施。

(3) 历史文化街区内基础设施的改善。

太平街历史文化街区内的基础设施关系着街区内居民的生活质量，因此改善基础设施使其满足现代生活的需要迫在眉睫。如供水、排水、供电、燃气、通信、环卫、防灾等市政基础设施，此外，还要开辟居民必要的休憩场所，如增加绿地、公共开放空间、交流平台等，让居民能够更好地生活下去。因太平街历史文化街区的空间和历史建筑的特殊性，作者建议针对市政管网的布置采取以下方式：以先外后内、先主后支的原则引入市政管网。由于历史文化街区内部的街巷空间狭窄，在其地下空间布置管网存在局限性，因此从宏观大局进行考虑，在有效的空间内将最为迫切、最为需要的市政管网优先进行布置，先将市政主干管网引入历史文化街区外围，再根据居民最基本的生活需要将必要的支网引入街区内部，对于需要突破规范限制的情况，采取专家论证的方式做出结论。

(4) 市政设施与历史风貌相协调。

市一级的市政站点原则上不得布置在历史文化街区以内，而布置在其外围，且其建筑物、构筑物风格须与历史文化街区风貌相协调。对于必须布置在历史文化街区以内的设施，可以将部分建筑进行功能置换。将历史文化街区内的建筑作为市政用房时，不得改变其结构和外观。

(5) 以历史文化为依托发展文化商业、旅游等业态。

将太平街历史文化街区的商业定位为文化型商业，街区内居民的经济条件水平一般不高，在街区内以历史文化为依托发展商业、旅游等业态，可以改善街区内居民的收入水平。值得注意的是，商业的发展应在街区保护的承载力范围之内，避免过度商业化、旅游化而对历史文化街区保护造成影响，还要避免低端的重复、文化过度的偏离，例如，街区内的太平街主街出现大量的酒吧，大量的酒吧与历史文化气息并不协调，应采取引导措施。可在历史街区内布置作协、文联等机构；也可布置创意产业，如画室、设计坊等；或以咖啡馆、民间机构为依托组织经常性的文化沙龙活动，引导历史街区的文化风尚，文化氛围一旦形成，其无形价值是不可估量的，以进一步带动商业和旅游产业的发展。

3. 再生效果

首先，太平街历史文化街区具有人文特色的建筑遗产，如贾谊故居、辛亥革命共进会旧址、许多老商号的建筑物风貌产生了不同程度的破损。街区主要道路的商铺为了招揽顾客，将大量的商业招牌悬挂于历史价值深厚的建筑外墙上，遮蔽了建筑主体，建筑成为商业的陪衬，如图 2-44、图 2-45 所示。例如，乾益升粮栈和利生盐号的老商号牌匾被街区新增商业招牌遮挡，贾谊故居建筑外墙上拉起了长幅旅游广告横幅。太平街历史文化街区商业、生活、旅游的发展与文化的宣传和传承等的功能结构失衡，导致历史文化的延续遭到了破坏。造成这一问题的首要原因是投资者和商户并未真正重视太平街历史文化街区的历史文化价值及其传承的重要性和紧迫性，对历史文化街区的保护与改造仅停留在物质层面，而其所蕴涵的深层次的历史文化价值没有被真正挖掘出来。贾谊故居象征的屈贾文化及湖湘文化、戏台庙会形式的民俗文化、老商号楼堂蕴涵的商业文化、辛亥革命共进会旧址包含的人文精神等价值未被重视并挖掘出来。在投资商追求快速经济利益的驱动下，太平街历史文化街区的历史文化逐渐消退。其次，太平街历史文化街区的商业特色不明显。太平街历史文化街区内的商业主要是一些新的餐饮娱乐，成为吃喝玩乐一条街，与其他城市或同一城市的历史文化街区相比，没有体现出其人文特色。另外，街区墙面张贴的无序的小广告造成游客视觉不舒适，还有公共设施配套不齐全、游客休息的地方较少等问题。

图 2-44　街区店面设计

图 2-45　广告牌遮住了建筑外部

思　考　题

2-1 请简述民用建筑的概念。
2-2 请简述民用建筑的特点。
2-3 请简述民用建筑的分类。
2-4 请简述民用建筑再生利用的基本内涵。
2-5 请简述民用建筑再生利用的价值。
2-6 请简述民用建筑再生利用存在的问题。
2-7 请简述民用建筑再生利用的主要策略。
2-8 请简述民用建筑再生利用的功能。
2-9 请简述民用建筑再生利用的关键要点。
2-10 请列举并介绍您所熟知的民用建筑再生利用项目。

参考答案-2

第 3 章　工业建筑再生利用分析

3.1　基 本 内 涵

3.1.1　基本概念

1. 工业建筑

1) 工业建筑的概念

工业建筑是指为从事各类工业生产及直接为工业生产需要服务而建造的各类工业房屋，包括主要工业生产用房及为生产提供动力和服务的其他附属用房。

工业建筑在 18 世纪后期最早出现于英国，1845 年苏格兰的精炼厂首次采用了现代框架结构，改善了传统结构形式在跨度上的限制，使结构更适合工业功能的需求。1871 年法国兴建起多层工业厂房，更好地适应了工业建筑对综合性的要求。20 世纪初，现代建筑的第一代大师格罗皮乌斯设计了以玻璃幕墙为主、体现现代建筑特征的法古斯工厂。苏联在 20 世纪 20～30 年代，开始进行大规模工业建设。而我国是在 50 年代开始大量建造各种类型的工业建筑。目前工业建筑的建设和发展较为成熟，已经不只考虑工业建筑的功能需求，开始统筹兼顾功能性、技术性、生态性等多个方面。

2) 工业建筑的特点

(1) 满足生产工艺要求。

工业建筑的设计以生产工艺设计为基础，必须满足不同工业生产的要求；同时满足适用、安全、经济、美观的建筑要求，并为工人创造良好的生产环境。

(2) 内部空间和面积较大。

工业建筑内需放置数量多、体量大的生产设备，并有各种起重运输设备通行，为满足正常工业生产的需要，内部应有较大的空间和面积。

(3) 承重结构多样。

根据工业建筑的不同高度、层数和适用环境，会采用不同的承重结构，例如，单层厂房由于跨度大，屋盖及吊车荷载较重，多采用钢筋混凝土排架结构承重；多层厂房由于楼面荷载较大，广泛采用钢筋混凝土骨架承重。

(4) 构造复杂。

工业建筑的面积、体积较大，有时采用多跨组合，并且不同的生产类型对建筑功能的要求也不同。因此工业建筑在采光通风、保温隔热和防水排水等建筑处理以及结构、构造上都比较复杂，技术要求高。

(5) 工程技术管网较多。

为满足生产的要求，工业建筑内会敷设各种工程技术管网，如上下水、热力、电力、煤气、氧气、压缩空气管道等，需采取相应的安装固定措施。

(6)建筑形体独特。

工业建筑由于大空间的存在，建筑体量往往较大，一些附属的建筑尺度又较小，这样大小形体的对比、交错和叠加就形成了工业建筑特有的造型风格。

3)工业建筑的分类

(1)按功能用途分类。

① 主要生产类建筑。

主要生产类建筑是指工厂内完成备料、加工到装配等主要工艺流程的建筑，如铸铁车间、铸钢车间、锻造车间、机械加工与机械制造车间等。在主要生产类建筑中，常常布置有较大的生产设备和起重设备。

② 辅助生产类建筑。

辅助生产类建筑是指不直接加工产品而为生产车间服务的各类建筑，如机修车间、电修车间、工具车间、模型车间等。

③ 动力类建筑。

动力类建筑是指为工厂提供能源和动力的厂建筑，如发电站、变电所、煤气发生站、锅炉房、氧气站等。

④ 储藏类建筑。

储藏类建筑是指储存原材料、半成品、成品的建筑(一般称为仓库)，如金属料库、油料库、燃料库、炉料库、砂料库、木材库、半成品库、成品库等。

⑤ 运输类建筑。

运输类建筑是指储存和检修运输设备及起重消防设备等的建筑，如汽车库、机车库、起重机库、消防车库等。

⑥ 配套类建筑。

配套类建筑是指在工业区内配套设置的建筑，如办公楼、职工宿舍、职工餐厅、职工医院等。

⑦ 其他类建筑。

其他类建筑是指除上述之外的其他类型的工业建筑，如水泵房、垃圾站、污水处理设施等。

(2)按生产状况分类。

① 冷加工车间。

冷加工车间指在正常温度、湿度条件下进行生产的车间，如机械加工车间和装配车间等。

② 热加工车间。

热加工车间是指在高温或熔化状态下进行生产的车间，一般这类车间在生产中会产生大量的烟尘、热量及有害气体，如炼钢车间、轧钢车间、铸工车间、锻压车间等。

③ 恒温恒湿车间。

恒温恒湿车间是指在温度、湿度波动很小的范围内进行生产的车间，如纺织车间、酿造车间、精密仪表车间等。

④ 洁净车间。

洁净车间是指需要在室内空气洁净程度要求很高的条件下进行生产的车间，一般这类车间需采取措施保证无尘无菌、无污染的洁净状态，如集成电路车间、精密仪表的微型零件加工车间、医药工业中的粉针剂车间等。

⑤ 其他特殊状况的车间。

其他特殊状况的车间是指对生产环境有特殊需要的车间，如有腐蚀性物质的车间、有放射性物质的车间、有防爆要求的车间等。

(3)按层数分类。

① 单层工业建筑。

单层工业建筑广泛地应用于各种工业企业，约占工业建筑总量的 75%，多适用于有大型生产设备、振动机械、地沟或有重型起重运输设备的生产项目。单层工业建筑按跨数可分为单跨和多跨，如图 3-1 所示。

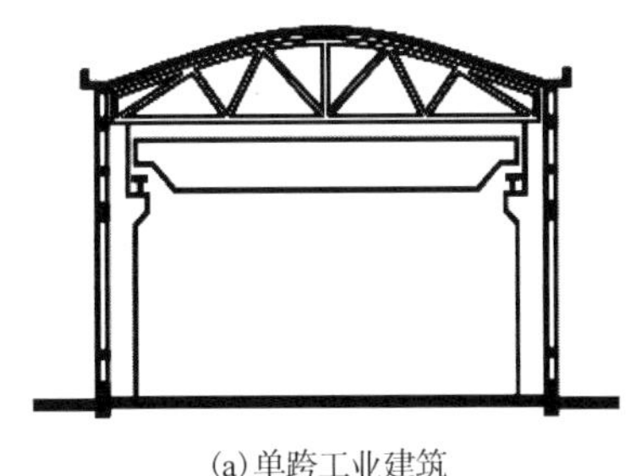

(a)单跨工业建筑

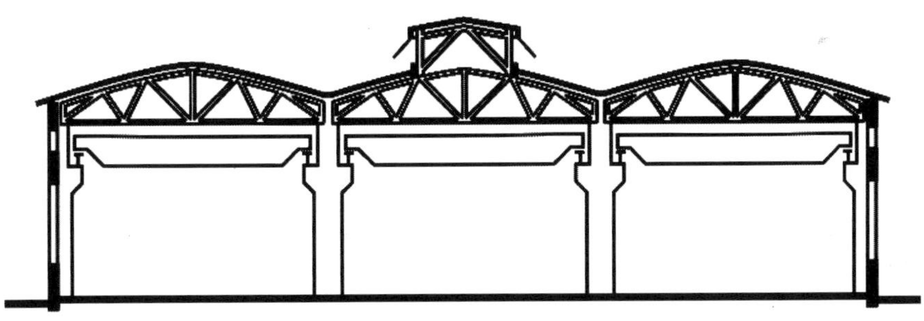

(b)多跨工业建筑

图 3-1　单层工业建筑

② 多层工业建筑。

多层工业建筑多适用于纺织、仪表、电子、食品、印刷、皮革、服装等轻工业，常见层数为 2～6 层，如图 3-2 所示。特点是占地面积小，管道集中，采光、通风及排水易于解决，适用于用地紧张的区域。

③ 混合层次工业建筑。

混合层次工业建筑是指既有单层跨又有多层跨的工业建筑，如图 3-3 所示。此类工业建筑在布局上具有很强的灵活性和适用性，一般高大的设备布置在单层跨，较小、较灵活的设备布置在多层跨，多用于热电厂、化工厂等。

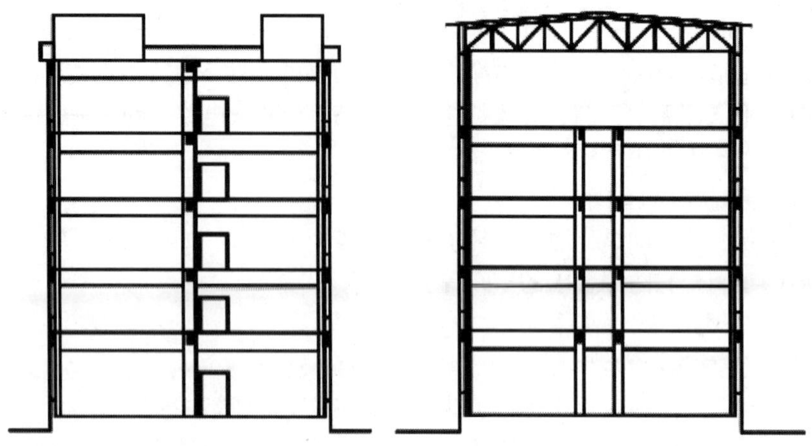

图 3-2　多层工业建筑

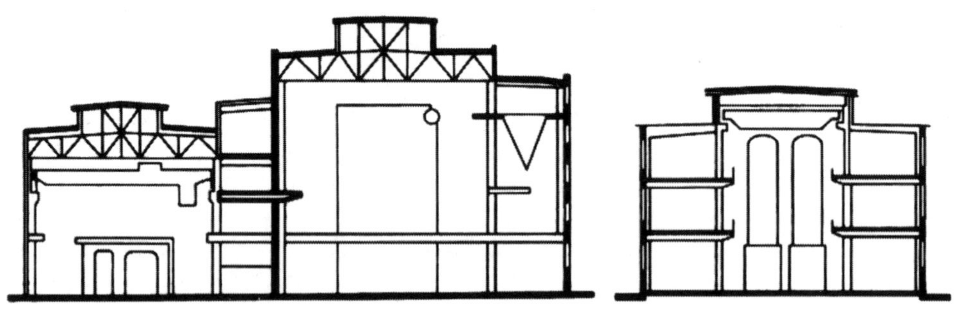

图 3-3　混合层次工业建筑

2. 工业建筑再生利用

工业建筑再生利用指的是对失去原有生产功能而被废弃或闲置的工业建筑进行重新利用，使其具备新的功能，满足新的使用要求。由于其对环境的友好性、资源的节约性以及经济上的优越性，这种类型的再生利用已经成为目前大中型城市对工业建筑进行保护和利用的主要方式。

为明确本书的研究对象，所提到的工业建筑并非正常使用中的工业建筑，而是指被废弃或闲置的工业建筑，即旧工业建筑。此外，提到旧工业建筑，往往也离不开对工业遗产的讨论。因此通过分析相关文献及实际项目调研，将旧工业建筑概念进行系统解析，如图 3-4 所示。一般来说，工业遗产多采用保护型再生利用；一般旧工业建筑多采用改造型再生利用。

3.1.2　发展现状

1) 国外发展历程

国外对于工业建筑再生利用的相关研究起步较早，大致经历了三个阶段。

(1) 启蒙阶段(20 世纪 50～60 年代)。

20 世纪 60 年代以前对历史建筑物进行保护的观念开始出现，《雅典宪章》(1933

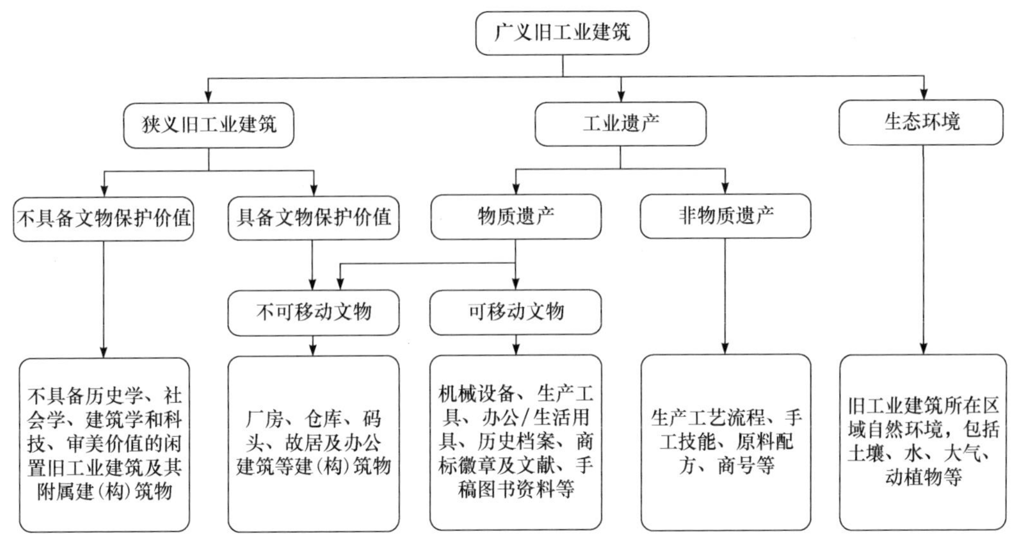

图 3-4　旧工业建筑概念解析

年)中开始肯定历史建筑对人类和世界文化遗产的重要性，提出历史建筑定义的同时设置评价标准，用以评定具有价值的历史建筑，提出了保护建筑的历史真实性原则。此后相继开始对旧工业建筑进行改造和再利用的研究与探索，例如，1955 年英国伯明翰大学的建筑史家 Michael Rix 在 *Journal Amateur Historian* 杂志上发表文章，将研究英国工业革命遗物的学问称为工业考古学；1965 年美国景园大师劳伦斯·哈普林(Lawrence Halprin)提出了建筑的再循环理论，并将其应用在美国旧金山的吉拉德里广场的设计中。

(2)探索性发展阶段(20 世纪 70～80 年代)。

1979 年，澳大利亚根据本国的历史背景和文化情况，编制了《巴拉宪章》，明确提出了改造性再利用的概念。在经济全球化的驱动下，城市更新等理念也在这一时期涌现出来，以建筑改造为核心的城市中心复兴运动广泛开展，文化多样性原则随之提出，城市发展更加强调人与环境的共生以及对人和历史文化的尊重，城市传统工业建筑和遗址已被认为是城市的一种特殊语言。

(3)成熟阶段(20 世纪 90 年代至今)。

1996 年巴塞罗那国际建筑师协会第十九届大会提出对“模糊地段(wasteland)”(如废弃工业区、码头、火车站等)的改造。国际建筑大师联合呼吁人们以一种新的、长远的、非常规的观点和方法去适应和驾驭废旧工业建筑，通过创新、改建和修复等各种方式建造了许多极富创新和智慧的建筑作品。2002 年柏林国际建筑协会第二十一届大会将主题定为“资源建筑”，并介绍了鲁尔工业区再生等一系列产业建筑师改造的成功案例，进一步使工业建筑再生利用实践引起全世界建筑同行的关注。

经历了三个阶段的发展，国外旧工业建筑再生利用的观念和手段已经达到较高水平，包括在再生利用的主观能动性、相关法规制度的完善、再生技术的成熟度、再生模式的多样化等方面积累了大量的实践经验，对我国的旧工业建筑再生利用实践具有重要的参考价值和借鉴意义。

2) 国内发展历程

国内对于工业建筑再生利用的相关研究是从 20 世纪 80 年代才开始起步的，也大致经历了三个阶段。

(1) 萌芽阶段(20 世纪 80 年代)。

这一时期大部分工业建筑再生利用项目多以低水平的、简单的、自发的形式出现，工程规模较小、再生技术不完善、再生手法相对落后，甚至个别工业建筑在进行再生利用时，还受到了一定程度的损毁和破坏。

(2) 发展阶段(20 世纪 90 年代前中期)。

随着再生技术逐渐发展，更多具有创造性和活力的元素被注入工业建筑再生利用当中。具有代表性的是企业和个人对工业建筑进行改造重建，该阶段的再生利用仍显得盲目随意，但相比于第一个阶段，无论从再生形式还是从再生内容上，都更加多样化。

(3) 成熟阶段(20 世纪 90 年代后期至今)。

随着再生技术逐渐成熟、再生理念逐渐被认同和推广。这一时期的再生利用手段变得更加丰富多样化。目标已经从仓库、轻工业厂房扩大到重工业厂房和船坞，再生模式有创意公园、博物馆、艺术馆、房屋、工作室、餐馆和娱乐场所等。

3.2 再 生 策 略

3.2.1 再生模式

1) 模式影响因素

再生模式的影响因素包括旧工业区占地面积、建筑系数、建筑结构形式、层数、层高、区域功能、区域交通便利程度、区域经济发达程度、区域社会文明程度、区域生态环境状况等。为了便于进行再生模式选择，将各特征因素分为 A、B、C、D 四类，具体内容见表 3-1。

表 3-1 再生模式的影响因素及分类

影响因素	分类			
	A 类	B 类	C 类	D 类
旧工业区占地面积	面积在 100000m² 及以上	面积在 10000m² 及以上、100000m² 以下	面积在 10000m² 以下	—
建筑系数	建筑系数在 30%以下	建筑系数在 30%及以上、50%以下	建筑系数在 50%及以上	—
建筑结构形式	钢筋混凝土结构	钢结构	砌体结构	—
层数	单层	双层	多层	—
层高	层高在 12m 及以上	层高在 6m 及以上、12m 以下	层高在 6m 以下	—

续表

影响因素	分类			
	A类	B类	C类	D类
区域功能	旧工业区处于行政或商业办公区域	旧工业区处于生活居住区域	旧工业区处于商业休闲消费区域	旧工业区处于旅游、遗址或生态保护区域
区域交通便利程度	旧工业区出入口到达公共交通站点的距离在500m以下	旧工业区出入口到达公共交通站点的距离在500m及以上、800m以下	旧工业区出入口到达公共交通站点的距离在800m及以上	—
区域经济发达程度	区域经济发达	区域经济一般	区域经济欠发达	—
区域社会文明程度	人文、教育、公共卫生环境良好，区域社会安定和谐	人文、教育、公共卫生环境一般，区域社会较安定和谐	人文、教育、公共卫生环境较差，区域社会安定和谐状况较差	—
区域生态环境状况	生态环境良好。绿化覆盖率在30%及以上，空气、水资源等良好	生态环境一般。绿化覆盖率在15%及以上、30%以下，空气、水资源等一般	生态环境较差。绿化覆盖率在15%以下，空气、水资源等较差	—

2) 单一模式类型

通过调研总结分析，工业建筑再生利用模式很多，常见的模式有如下几种，具体见表 3-2。

表 3-2　常见的再生利用模式

类型	特点	适用范围
商业场所	将建筑空间改造为以商业、休闲、金融、保险、服务、信息等为主要业态的公共建筑	可用于建筑系数在50%及以上，单层或双层，处于商业休闲消费区，区域经济发达，主要出入口到达公共交通站点的距离小于500m，且社会文明程度较高的旧工业建筑的再生利用
办公场所	将建筑空间进行分隔，改造成能够提供固定工作场所的空间	可用于厂区占地面积小于10000m^2，建筑系数在50%及以上，多层，距离行政或商业办公区域较近，主要出入口到达公共交通站点的距离小于800m，经济发达程度较高，社会文明程度及生态环境状况良好的旧工业建筑的再生利用
场馆类建筑	将建筑空间改造为观演建筑、体育建筑、展览建筑等空间开敞的公共建筑	可用于建筑系数在50%以下，层高在6m及以上，主要出入口到达公共交通站点的距离小于500m，区域经济一般，社会文明程度及生态环境状况良好的旧工业建筑的再生利用
居住类建筑	将建筑空间改造为住宅式公寓、酒店式公寓、城市廉租房等居住建筑	可用于厂区占地面积小于10000m^2，建筑系数在50%及以上，双层或多层，处于生活居住区域或商业办公区域，主要出入口到达公共交通站点的距离小于800m，社会文明程度及生态环境状况良好的旧工业建筑的再生利用

续表

类型	特点	适用范围
遗址景观公园	将对具备历史文化价值的建筑、设备等的保护修复与景观设计相结合，对旧工业区重新整合形成公共绿地	可用于厂区占地面积在 100000m² 以上，建筑系数在 30%以下，主要出入口到达公共交通站点的距离小于 800m 的旧工业建筑的再生利用
教育园区	将建筑空间改造为教室、图书馆、食堂、宿舍等教育配套设施，与旧工业区的整体环境设计相结合，形成教育园区	可用于厂区占地面积在 10000m² 及以上，建筑系数在 50%以下，建筑结构形式较多，主要出入口到达公共交通站点的距离小于 500m，社会文明程度较高的旧工业建筑的再生利用
创意产业园	形成以文化、创意、设计、高科技技术支持等业态为主的产业园区	可用于厂区占地面积在 10000m² 及以上，建筑系数在 50%以下，建筑结构形式较多，主要出入口到达公共交通站点的距离小于 500m，区域经济一般，社会文明程度较高且生态环境状况良好的旧工业建筑的再生利用
特色小镇	集合工业企业、研发中心、民宿、超市、主题公园等多种业态，形成功能完备、设施齐全的综合区域	可用于厂区占地面积在 100000m² 及以上，建筑系数在 50%以下，建筑结构形式较多，区域经济一般，社会文明程度较高且生态环境状况良好的旧工业建筑的再生利用

3）组合模式类型

组合模式就是将传统的城市职能，如交通、休息、娱乐、工作等与地区经济发展、人文与环境保护等进行高度交叠，而形成一种复合的开发模式，从而给需要多种空间功能的使用者带来方便。

进行组合模式选择时，可根据影响再生利用模式的特征类型，按表 3-3 的规定确定。

3.2.2　再生手段

工业建筑再生利用过程中，会涉及对原有工业建筑进行改造，有很多种常见手段，基本形式主要包括外接、增层、内嵌和下挖，如图 3-5 所示。

1）外接

（1）独立外接。

独立外接形式，即原工业建筑结构与新增结构完全脱开，独立承担各自的竖向荷载和水平荷载。一般外接部分体量相对较小，独立外接部分与原工业建筑相互分离，一般独立外接形式常采用砌体结构和钢结构等。当采用独立外接时，项目可利用空间显著增大，对原工业建筑上部结构和地基基础的扰动较小，外接部分应参照新建建筑规范标准进行设计和施工。例如，昆明市 871 文化创意工场再生利用项目中就采用了独立外接的形式，如图 3-6 所示。

（2）非独立外接。

非独立外接形式，即原工业建筑结构与新增结构相互连接。这种形式中，新增结构与既有结构相结合，新老结构协同工作，再生后结构整体性较好。例如，天津市意库创意园再生利用项目中就采用了非独立外接的形式，如图 3-7 所示。

表 3-3　多影响因素作用下适宜的组合模式选择

组合模式	影响因素																														
	旧工业区占地面积			建筑系数			建筑结构形式			层数			层高			区域功能				区域交通便利程度			区域经济发达程度			区域社会文明程度			区域生态环境状况		
	A	B	C	A	B	C	A	B	C	A	B	C	A	B	C	A	B	C	D	A	B	C	A	B	C	A	B	C	A	B	C
创意产业园+商业场所	√	-	-	√	√	-	√	√	-	√	√	-	√	√	-	-	√	√	√	√	-	-	√	-	-	√	-	-	√	√	-
办公场所+商业场所	-	√	√	-	√	√	√	√	√	-	√	√	-	√	√	√	√	√	-	√	-	-	√	-	-	√	√	√	√	√	√
场馆类建筑+教育园区+居住类建筑	√	-	-	√	-	-	√	√	√	√	√	√	√	√	√	-	√	-	-	√	√	-	-	√	√	√	√	-	√	√	-
居住类建筑+商业场所+场馆类建筑	√	√	-	√	√	-	√	√	√	√	√	√	√	√	√	-	√	√	√	√	-	-	√	√	-	√	√	-	√	√	-
创意产业园+教育园区+商业场所+居住类建筑	√			√	√		√	√	√	√	√	√	√	√	√	√	√	√		√			√	√		√			√	√	
场馆类建筑+遗址景观公园	√	-	-	√	-	-	√	√	-	√	√	-	√	√	-	√	√	-	√	√	√	-	-	√	√	√	√	-	√	√	√
场馆类建筑+商业场所+教育园区+创意产业园	√	-	-	√	-	-	√	√	√	√	√	√	√	√	√	-	√	√	-	√	-	-	√	√	-	√	√	-	√	√	√

注：表中“√”表示适用影响因素，“-”表示不适用影响因素。

- 工业建筑再生利用基本形式
  - 外接
    - 独立外接
    - 非独立外接
      - 混凝土结构非独立外接
      - 砌体结构非独立外接
      - 钢结构非独立外接
  - 增层
    - 上部增层
      - 砖混结构上部增层
      - 钢筋混凝土结构上部增层
      - 多层内框架砖房结构上部增层
      - 底层全框架结构上部增层
    - 内部增层
      - 整体式内部增层
      - 吊挂式内部增层
      - 悬挑式内部增层
      - 其他式内部增层
    - 外套增层
      - 分离式外套增层
      - 协同式外套增层
  - 内嵌
    - 混凝土结构内嵌
    - 砌体结构内嵌
    - 钢结构内嵌
  - 下挖
    - 延伸式下挖
    - 水平扩展式下挖
    - 混合式下挖

图 3-5　工业建筑再生利用基本形式

图 3-6　昆明市 871 文化创意工场再生利用项目

图 3-7　天津市意库创意园再生利用项目

2) 增层

(1) 上部增层。

上部增层形式，即在原工业建筑的上部进行直接加层。这种形式充分利用了原工业建筑结构及地基的承载力，通过上部增层满足新的功能需求，增层部分的建筑风貌与外形需尽量与原工业建筑体系一致。例如，北京市首钢工业遗址公园再生利用项目中就采用了上部增层的形式，如图 3-8 所示。

(2) 内部增层。

内部增层形式，即在原工业建筑内部增加楼层或夹层。这种形式可充分利用原工业建筑室内的空间，只需在室内增加承重构件，可利用原工业建筑屋盖及外墙等部分结构，保持原建筑立面。因此，它是一种较为经济合理的增层方式。例如，长沙市万科紫台售楼部再生利用项目中就采用了内部增层的形式，如图 3-9 所示。

图 3-8　北京市首钢工业遗址公园再生利用项目

图 3-9　长沙市万科紫台售楼部再生利用项目

(3) 外套增层。

外套增层形式，即在原工业建筑上外设外套结构进行增层，使增层的荷载基本上通过在原工业建筑外新增设的外套结构构件直接传给新设置的地基和基础。这种形式不仅可使原有土地上的建筑容积率增大几倍到几十倍，达到有效利用国土资源的目的，而且可使建筑造型与周围新建建筑相协调，达到对工业建筑进行现代化改造和更新的目的，能够提升城市现代化的整体水平，但进行增层的费用较高。例如，济南市 JN150 文创园再生利用项目中就采用了外套增层的形式，如图 3-10 所示。

图 3-10　济南市 JN150 文创园再生利用项目

3) 内嵌

内嵌形式，即当原工业建筑室内净高较大时，可在室内内嵌新的建筑。它和内部增层类似，均是在室内增加楼层或夹层，但又与内部增层不同的是，内嵌是在室内设置独立的承重抗震结构体系，新增结构与原有结构完全脱开。例如，沈阳市中国工业展览博物馆再生利用项目中就采用了内嵌的形式，如图 3-11 所示。

4) 下挖

下挖形式，即在不拆除原工业建筑、不破坏原有环境以及保护文物的前提下，充分利用原工业建筑及周边区域的地下空间等，以此来解决新老建筑的结合和功能的拓展。下挖技术是一项非常复杂的技术，它包含了对原工业建筑的基础托换、置换、开挖以及室内新构件制作与旧构件连接等一系列的技术问题，但由于受到安全、规划等众多因素影响，目前下挖项目多借助地势高差进行空间拓展。例如，苏州市苏纶场再生利用项目中就采用了下挖的形式，如图 3-12 所示。

图 3-11　沈阳市中国工业展览博物馆再生利用项目

图 3-12　苏州市苏纶场再生利用项目

3.2.3　再生方式

在我国不同城市，由于受到区域经济、文化水平以及外来文化冲击的影响程度不同，工业建筑再生利用的处理方式也各有偏向，带有明显的地域特征，主要可分为四种类型，见表 3-4。对工业建筑以复原、修复为主，以保护原工业建筑为主要目的进行的，即重保护型；以再生后功能为设计导向，未着重进行原工业建筑保护的，即重利用型；对工业建筑进行拆除并在原土地上重新进行建设的，即重拆弃型；综合考虑保护、利用和拆弃的优缺点，通过合理规划最终实现工业建筑再生的，即均衡型。

表 3-4　工业建筑再生利用常见方式

方式	发展特点	原因剖析
重利用型	利用 (0，0，1) (0，0，1)　(0，0，1) 拆弃　保护	重利用型城市以一线城市为主。这类城市的经济水平较高，对生活精神层次的需求也相对提高。单纯出于经济考虑而推倒重建的开发模式已退出主角地位，取而代之的是再生利用为创意园、孵化基地等多模式的利用处理方式，以实现文化与经济价值的共赢

续表

方式	发展特点	原因剖析
重保护型	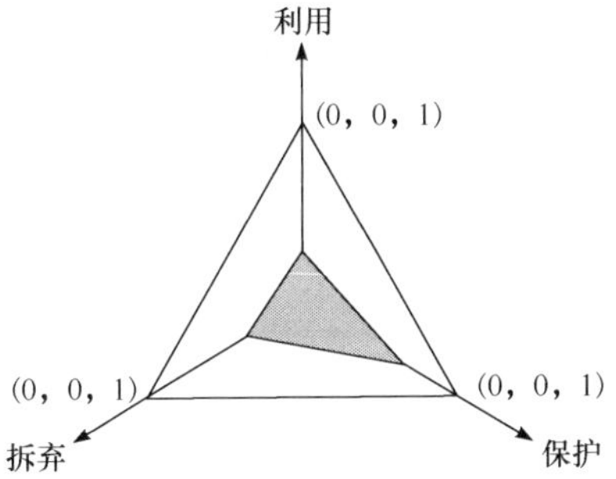 利用 (0，0，1) (0，0，1) 拆弃 (0，0，1) 保护	重保护型城市以历史名城为主。这类城市立足于工业建筑的保护，通过将这些由工业建筑再生利用而成的博物馆、产业园与工业旅游相结合，产生新的生命和发展可能
重拆弃型	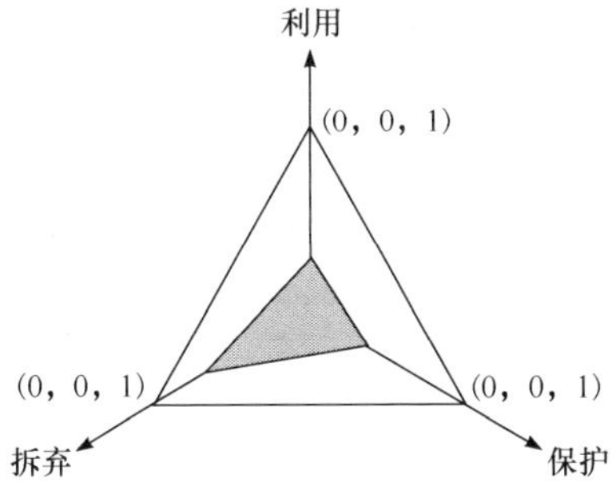 利用 (0，0，1) (0，0，1) 拆弃 (0，0，1) 保护	重拆弃型城市以老工业城市为主。在这类城市的更新过程中，经济主导型的城市建设意识仍占上风，很多具有重要价值的工业建筑在城市开发中已被拆除，相对于丰富的工业建筑基数，整体保存下来的工业建筑极少
均衡型	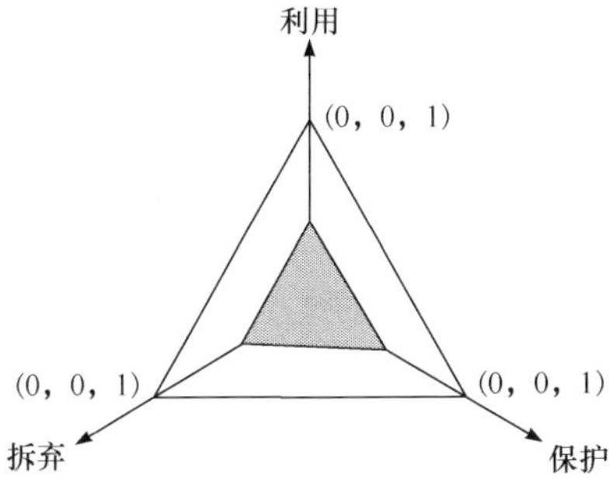 利用 (0，0，1) (0，0，1) 拆弃 (0，0，1) 保护	均衡型城市以二三线城市为主。随着城市发展进程加速、工业结构调整，在城市内出现大量工业建筑的闲置。同时吸收其他城市工业建筑再生利用的相关经验，合理规划，使工业建筑得到了很好的发展

3.3 再生要点

通过从宏观、中观、微观三个层面进行研究分析，提出了相应的城市层面、区域层面、单体层面的再生要点。

3.3.1 城市层面再生

1)顺应城市发展

每个城市都有自己的特殊属性，发展定位也会有所区别。城市规划之初，设计师会把握当前发展形势，系统谋划未来发展蓝图，对城市的整体进行研究，得出近几年城市的规划方向。工业建筑在城市中有着至关重要的位置，它的改造更新直接影响着整个城市的氛围，因此在选取其更新模式时，应分析其城市规划，对其大致方位进行基础把控。在我国的不同城市，由于受到区域经济、文化水平以及外来文化冲击的影响程度不同，工业建筑的处理方式也存在诸多差异性，有明显的地域特征。

2) 满足社会需求

工业建筑再生利用的成功与否与社会需求有着密切的联系，一个成功的工业建筑再生利用项目，不仅可以激活旧的废弃空间，也可以将整个区域注入活力，填补功能空缺，完善整个城市的多样性。所以在对工业建筑进行再生利用时，应关注其周边区域的发展，将工业遗存与周围建筑联动考虑，将其融入城市的特色中，使其对城市经济发展有足够的影响力，并为当地提供就业机会。

3) 发掘地域特色

城市的地域性表达了城市文化的多样性与城市的特点，因此在对工业建筑进行再生利用时应注重城市的地域文化特色，如果能够在保留其工业特色的同时与城市文化相融合，那么对工业建筑的再生利用和地域文化的延续都是有益的。城市的地域文化特色可以通过景观与设计方式来传达，在再生利用中以工业特色为基础，将城市文化融入场地与建筑单体，将地域性这种抽象的表达具体化。

4) 传承历史文脉

工业建筑再生利用的最大意义在于工业建筑本身所具备的历史文化功能，工业建筑以何种模式再生是决策阶段所需解决的首要问题，所选择的再生模式必须可以守护建筑本身的原有价值，能赋予未来新活力，并对城市的发展与演进产生一定的作用。我国的工业建筑遗迹有着丰富的空间形态类型，各个时期的工业建筑及空间特色具有多样性，有重要的遗产价值与文化意义。

3.3.2　区域层面再生

1) 满足区域需求

工业建筑所在位置周边的业态分布对其功能定位有一定的影响，其所在位置的不同导致了周边物质需求的差异，因此，应对周边的自然条件、功能分布等区域的基本情况进行分析，选取适宜的更新模式。大量之前位于城市边缘区的旧工业建筑随着时间的演变与城市的更新逐渐靠近城市中心位置，但也有部分旧工业建筑依旧位于城市郊区较为偏僻的地理位置，因为地理位置的不同也会引起区域的经济状况与周边环境的变化，所以不同的地理位置对更新模式存在着很大的影响。

2) 优化区域空间

工业建筑所处区域在早期得益于其存在，它带来了大量的经济效益与人群，随着时间推移其逐渐变为废弃工业建筑，这使它在快速发展的新城市中格格不入，对于再设计者来说，并非只需将其更新改造成为新的存在这么简单，它的更新要使周围区域的经济与环境得到真正的提升，区域功能是再生模式选择的重要影响因素，应根据区域功能的不同选择适合区域要求与区域特色的再生模式，这也会极大程度地影响项目的后期效果。设计时应对区域进行更加缜密的前期调研，分析此区域的经济条件、定位、交通便利程度等，在此基础上研究最适宜的再生模式，这样才可以使周围区域的居民生活得到提升。

3) 联动区域发展

一个建筑的存在是依托于周边的建筑与环境的，因此工业建筑更新也是区域更新的一部分，它是无法独立存在的，区域经济影响着区域的发展能力，也就直接影响着再生模式的经济效益，改造后功能模式应该与此区域产生互补的关系，紧密联系周边功能，形成人流的聚集，提高其整体规模。不同的区域所需的功能模式不同，如由旧工业建筑改造的金融办公区域，这样的办公区域起到联动发展的作用，并其为周边带来更大的人流量，利于周边的商业发展，也更加推动了区域的经济发展。

3.3.3 单体层面再生

1) 依托空间的适配性

在单体建筑再生之初应对其进行全面的调研分析，包含建筑的原用途、使用年限、建筑面积、建筑空间类型、建筑本身结构等情况，不同的建筑空间类型所适宜的再生模式也存在较大差异性。目前工业建筑的结构形式多样，空间类型丰富，再生时需考虑建筑本身条件与更新模式类型之间的适宜性，针对不同空间结构选取不同的更新模式，并且再生后也应保留建筑的原真性，将建筑原有的结构与材质等进行修复保留，做到修旧如旧。

2) 顺应建筑结构特色

依据目前较为常见的三种结构的特点进行更新模式的筛选，砖木结构虽然结构稳定性差，但是其结构特色更为明显，适宜将其结构外露，以凸显艺术效果，配以展览、艺术等功能模式；砖混结构较为厚重，结构一般较为稳定，层数不高，因而再生模式多为常见功能，如办公、商业等，外部基本还原结构本貌；钢筋混凝土结构则是最为常见的工业建筑结构类型，多具备大空间、较好稳定性等特点，再生模式范围更广泛，其结构改造手法也多为去除表皮，展露出本体结构，体现其工业建筑的特点，再生时应顺应其原有的结构，通过对结构进行进一步评估来筛选适宜的再生模式。

3.4 典 型 项 目

3.4.1 北京 798 艺术区

1. 项目概况

798 艺术区位于北京市朝阳区酒仙桥街道大山子地区，故又称大山子艺术区，如今 798 艺术区已经引起了国内外媒体和大众的广泛关注，成为北京都市文化的新地标，如图 3-13 所示。该区域西起酒仙桥路，东至京包铁路，北起酒仙桥北路，南至将台路。它的前身为华北无线电器材联合厂第三分厂，厂区部分建筑采用现浇混凝土拱形结构，为典型的包豪斯风格，几十年来经历了无数的风雨。随着时代的变迁，受我国工业生产结构调整的影响，大片的厂房逐渐荒寂。从 2002 年开始，一批艺术家和文化机构开始进驻这里，他们成规模地租用和改造空置厂房，将其作为艺术创作的场地，798 艺术区逐渐发展成为艺术中心、画廊、艺术家工作室、设计公司、餐饮酒吧等各种现代空间的聚集地，使整个区域短短两年内成为国内最大且最具国际影响力的艺术区。

(a) 场景一

(b) 场景二

图 3-13　北京 798 艺术区

1) 发展历程

798 艺术区的发展是一个渐进的过程，大致可分为以下三个阶段，见表 3-5。

表 3-5　798 艺术区各发展阶段的政策

发展阶段	社会背景	形成机制	规划方案
初步形成阶段（1995～2003 年）	产业升级；制造业比例下降；城市化	艺术家自下而上自发聚集	艺术家入驻，进行小规模改造
争议发展阶段（2004～2007 年）	创意产业兴起；工业遗产保护提出	艺术家自下而上自发聚集	徘徊于拆迁还是保留的问题上
蓬勃发展阶段（2008 年至今）	创意产业繁荣发展；国家重视文化产业	文创群体自发聚集和政府主导相结合	保留并再生成为文化创意产业园

2) 发展模式

798 艺术区从最初民间自发形成的集聚区，逐渐发展为由政府和国有企业共同规划、建设与治理的集聚区，其管理体制、运行机制反映了政府引导、企业主导、艺术机构主体参与的发展模式。

(1) 管理体制。

798 艺术区的管理体制由高级的议事协调机构及其办事机构组成。北京 798 艺术区领导小组下设工作机构北京 798 艺术区建设管理办公室，挂靠朝阳区委宣传部。该管理体制的科学性在于民主协商、集体决策、借助专家机制提供决策咨询以及筹建艺术区发展促进会给予艺术家和艺术机构基本支持。

(2) 运行机制。

798 艺术区的运行，已由民间性质向以北京七星华电科技集团有限责任公司为主导转变。具体体现在：政府提供艺术区的市政配套设施，项目实施主体北京七星华电科技集团有限责任公司统筹规划建设艺术区的公共服务平台；北京七星华电科技集团有限责任公司组建北京 798 文化创意产业投资股份有限公司，负责艺术区规划建设项目的运作，以及依托 798 品牌的对外合作；七星华电物业管理中心提供艺术区的全方位物业管理服务。上述运行机制体现了 798 艺术区是由国有企业掌控的集工业与艺术于一体的综合性的文化社区。

2. 再生过程

对于该区域的再生利用，主要有以下思路：将原有工业建筑按建造年代划分，只保留 20 世纪 50 年代之前建成的工业厂房(约占厂区总建筑面积的 2/5)，其余建筑全部进行更新改造，修旧如旧，没有增加新建建筑；并且分区域进行节能改造，走可持续发展道路。在对原有的历史文化遗留进行保护的前提下，原有的工业厂房被重新定义、设计和改造，带来了对建筑和生活方式的全新诠释。这些闲置厂房经改造后，本身成为新的建筑艺术品，在历史文脉与发展范式之间、实用与审美之间展开了完美的对话。

在结构方面，原有建筑以砖混结构为主，框架结构较少，通过安全检测后再重新进行规划设计，通过加固以及分割夹层等手段，使建筑物在不改变原有外貌的基础上，其内部空间再次得到利用，且每年都要对所有建筑物按照相关规定进行安全检查。在节能方面，园区内采用接市政供热管道集中供暖的方式，空调通风则由各商户自行安排；园区内的原有水暖线路有 60%以上得以继续沿用，其中出于安全考虑，电力线路采用重新敷设的方式；给排水基本采用原有厂区的管道；厂区道路是在原有路面的基础上，加以修缮并继续使用；在用水方面，按照国家标准进行雨水收集，并将废水分级处理，然后加以利用；在绿化方面，以种植草坪为主，原有灌木得以保留，园区绿化率在 30%以上。

3. 再生效果

798 艺术区工业厂房错落有致，砖墙斑驳，管道纵横(图 3-14)，是一个典型的工业建筑环境。这里是工业时代和后工业时代风貌并行的 798，具有独特的风格。

(a)火车头

(b)砖房

(c)管道

图 3-14　798 旧厂房面貌

(1) 798 艺术区集工业与艺术、生产与服务于一体。

798 艺术区作为一个工业区，它仍然在继续生产，是一个以工业生产为主的厂区，只不过是其中的一部分厂房因为淘汰或升级换代而闲置，为艺术产业机构和个体所租用改造，艺术生产占用的建筑面积与工业生产所使用的建筑面积各占 1/2。由此也形成一道独特的人文景观：工人、艺术家以及越来越多的游客一起出没于厂区，一些工厂车间继续从事生产，发出机器运转的混响，架在空中的管道冒着热气，一些工厂车间改造为艺术展示空间(图 3-15)、餐厅酒吧，前卫而时尚的背景音乐不时从厂区胡同街道响起。位于城市中心区域的工业企业陆续搬迁后，原工业厂区在城市中心区域变得与众不同，特色的工业建筑越来越像博物馆。798 艺术区的艺术机构将工业厂房改造成艺术展示场所，刻意保留建筑立面和工业机械的部件，不同时期刷在墙上的标语也尽量予以保留，在 798 艺术区可以触摸数十年的工业发展史，新兴的艺术产业与衰落的电子工业融合在一起，艺术生产与工业生产和谐共存。

(a) 艺术区室内

(b) 迷彩玻璃幕墙

图 3-15　艺术展示空间

(2) 798 艺术区是知名的艺术机构。

798 艺术区是知名艺术机构聚集地和前卫艺术活动的重要举办地。798 艺术区经过初步形成和争议发展期，已经成为日趋走向成熟的商业艺术区。包括尤伦斯艺术中心、林冠画廊、佩斯画廊、伊比利亚当代艺术中心等在内的知名艺术机构将 798 艺术区作为其重要的办公和展示场所。前沿性的文化艺术活动的持续举办，使 798 艺术区的专业化、国际化特征更加突出。这些机构和活动的展示内容与背景具有强烈的冲突性，斑驳的历史标语、壁画与现代绘画、装置等同置一处，形成一种对比鲜明的强烈的视觉冲击。798 艺术区作为艺术展示场所，不同于国有国营美术馆，是非常规的艺术场所与商业环境，它对民间性、试验性的艺术活动来说展出准入门槛低。798 艺术区的艺术氛围与时尚氛围日益浓烈，是中外艺术家和游客了解中国当代艺术的一个窗口，对从事艺术专业的学生、未成名艺术家则提供了展示和交流的机会，同时还是一个特殊的承担教育和交流功能的文化场所，发挥着类似于国家文化机构所承担的普及艺术教育的功能和作用。需要指出的是，798 艺术区与北京宋庄画家村一样，没有形成画派，而是各种风格的艺术家都有，是一个多样性的窗口和平台，也是一个自由创造的平台，正是这种多样性使得 798 艺术区更加富有魅力，不断创造新的视觉盛宴。

(3) 798 艺术区拥有淳朴独特的历史。

798 艺术区最具特色的建筑是包豪斯建筑，包豪斯是现代建筑的先驱，诞生于 1919 年。建筑风格实用、坚固、美观。建筑风貌和具有宽容开放精神的社区空间是其特色。798 艺术区的包豪斯建筑风格工业厂房有四处，建筑面积达到 $9.3\times10^4m^2$，厂房高大空旷，挑空 10m 以上，厂房整体框架为整体水泥浇筑，朝北的顶部是混凝土浇筑的弧形实顶，从外部看相连在一起呈锯齿状，北面整体为斜面的玻璃窗，与北京传统风格建筑北面整体为墙、窗户一般开在南面正好相反，构成独特的视觉识别。包豪斯建筑的室内光线充足、稳定且柔和，没有阴影。798 艺术区的包豪斯风格建筑考虑了备战的需要，屋顶很薄且有细缝，而骨架却非常结实，整体浇筑，堪称工业发展史上的文物，该建筑类型在北京地区具有稀缺性。2005 年，北京市人民政府根据北京市建筑设计院的建议，将包豪斯建筑列为优秀近现代建筑予以保护，如此充满历史沧桑、淳朴而又独特的建筑风格，是 798 艺术区同其他类型的利用工业厂房改造的艺术区相比所具有的不同凡响之处。798 艺术区的业主国有企业北京七星华电科技集团有限责任公司拥有产权，实际担负管理职责，国有企业的管理不同于一般城市社区管理，它没有条条框框的限制，而一切本着为园区租户提供必要的服务。

3.4.2　重庆工业文化博览园

1. 项目概况

重庆工业文化博览园是一处以工业文化为主题的旅游景点，它以大渡口区重庆钢铁厂原址为基础，以工业文化遗址为内核，融合文商旅关联业态，形成一体化的新产业格局，打造工业遗址、文创产业和体验式商业相融合的城市综合体，如图 3-16 所示。

图 3-16　重庆工业文化博览园

重庆钢铁(集团)有限责任公司是一家有着百年历史的大型钢铁联合企业，前身是 1890 年中国晚清政府创办的汉阳铁厂，它不仅是一个企业的发展演变史，更是中国钢铁工业坎坷前行的缩影和写照。2011 年，因环保搬迁，大渡口老区钢铁生产系统全部关停，随后便被改造成了重庆工业文化博览园。重庆工业文化博览园由工业遗址公园、重庆工业博物馆及文创产业园三部分构成，在保留原重钢型钢厂内具有典型工业特征和历史底蕴的建(构)筑物的基础上，打造以重庆工业博物馆为核心的重庆工业文化博览园，旨在记载重庆工业历史，丰富城市文化内涵。

2. 再生过程

1)整体对比

以重钢型钢厂旧址为基础，依托其工业遗存打造的重庆工业文化博览园，再生利用前后对比如图 3-17 所示。

(a)再生利用前的厂区现状

(b)再生利用后的园区现状

图 3-17　再生利用前后对比

2)局部处理

(1)主电室。

主电室建于 1985 年，是重钢型钢厂进行节能改造后用于安放主电机与电子元件的控制室。2019 年，重庆工业文化博览园梦想钢城招商中心在厂房内华丽亮相，启幕仪式的召开标志着文创产业园招商洽谈工作正式对外开展，其再生效果如图 3-18 所示。

(2)烟囱。

厂区保留 3 根烟囱，有两根烟囱位于重钢型钢厂厂房两侧，靠近生产车间，具有强烈的标识作用。1 号烟囱高 46m、直径为 5.6m，3 号烟囱高 58m、直径为 5.6m，1、3 号烟囱为 20 世纪 50 年代建造的，分别为青砖、红砖砌筑，烟囱柱身密设有钢质环箍。2 号烟囱高 68m、直径为 6.5m，为 90 年代中期建造的加热炉烟囱，烟囱立面采用抹灰涂料处理。三根烟囱在建成的几十年里都是大渡口区天际轮廓线的重要标识。厂区保留烟囱再生前后对比如图 3-19 所示。

(a) 主电室再生为招商中心

(b) 招商中心内部装饰

图 3-18　主电室再生效果

(a) 再生前的烟囱

(b) 再生后的烟囱

图 3-19　烟囱再生前后对比图

(3) 铁轨。

曾号称“十里钢城”的重庆钢铁厂，不仅生产了中华人民共和国的第一条铁路——成渝铁路的第一根标准重轨，在厂区内部也有着独立的货运铁路线。如今，园区规划也将依托此建成小火车线路，市民可乘坐复古小火车在园中游览，其再生前后对比如图 3-20 所示。

(a) 再生前的铁轨

(b) 再生后的铁轨

图 3-20　铁轨再生前后对比图

(4)雕像。

1949 年 11 月底，为了破坏重庆钢铁厂，国民党在厂内重要设备周围安放了大量炸药。中共地下党员刘家彝，同简国治等革命同仁一道连夜清除炸药，尚未及半，敌人安放的定时器引爆了炸药，刘家彝、简国治等人壮烈牺牲。这十八位勇士用生命捍卫了钢铁工业血脉，十八勇士雕像如图 3-21 所示。

图 3-21　十八勇士雕像

3. 再生效果

1)园区构成

重庆工业文化博览园由重庆工业博物馆、文创产业园及工业遗址公园 3 部分构成，如图 3-22 所示。

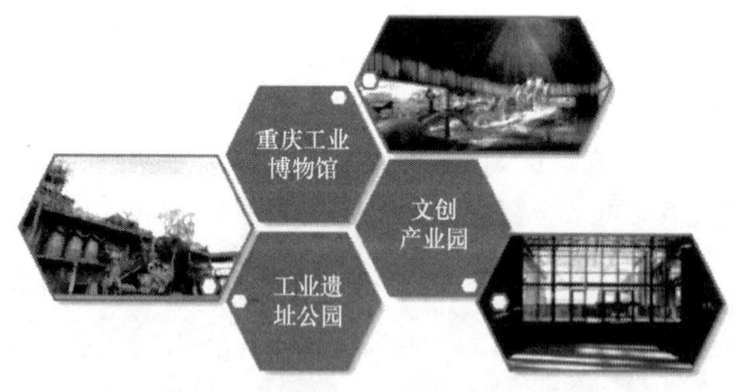

图 3-22　重庆工业文化博览园构成板块

(1)重庆工业博物馆。

重庆工业博物馆是重庆工业文化博览园的核心部分。重庆工业博物馆作为重庆市四大博物馆之一，运用当代博物馆的现代理念与展陈手段，打造具有创新创意、互动体验、主题场景式的泛博物馆，构建多个散点，如图 3-23 所示。

① 主展馆。

主展馆展厅面积约 8000m^2，以“无边界博物馆”为设计理念，是国家工业遗产保护

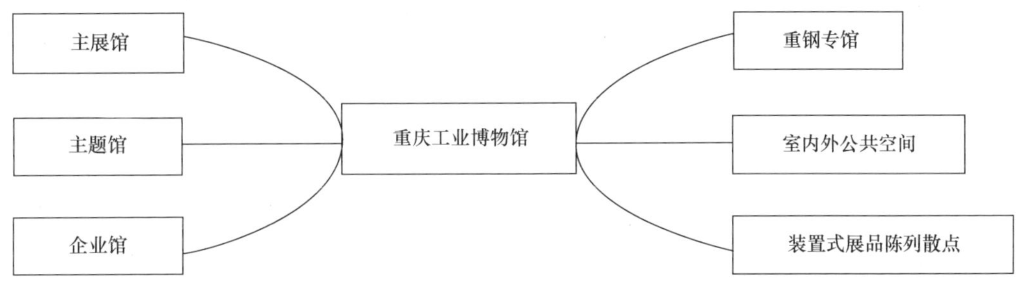

图 3-23　重庆工业博物馆构成板块

利用示范馆、重庆工业发展史陈列馆、当代及未来工业发展体验馆。展览内容围绕近代以来重庆工业 130 多年来的发展历程，通过序厅、开埠-工业星火厅、抗战-工业大后方厅、三线-工业基地厅、改革-工业转型厅、未来-新兴工业厅六大展厅(图 3-24)，全面展示重庆工业为中国抗战、工业化进程、中华民族伟大复兴做出的重要贡献。

(a)序厅

(b)开埠-工业星火厅

(c)抗战-工业大后方厅

(d)三线-工业基地厅

(e)改革-工业转型厅

(f)未来-新兴工业厅

图 3-24　重庆工业博物馆主展馆

② 主题馆。

主题馆以“钢魂”为主题，展厅面积约4000m^2，从情感维度依托历史现场，呈现钢铁厂迁建委员会从成立，经西迁至重庆大渡口，并在抗战大后方坚持生产、支援军工的恢宏历史；从物理维度设计多个钢铁工业科普知识互动展项。

③ 企业馆。

企业馆集中展示战略性新兴产业、现代制造业等重庆市重要行业系统的标杆企业、品牌企业，开展产品发布体验和宣传推广等经营活动。

(2) 文创产业园。

将泛博物馆与文创产业有机结合，布局于老厂房及临江新建LOFT空间，形成文创产业园。文创产业园强调以时尚创意的工作、娱乐、生活为本体，结合产业办公、体验式商业、运动休闲、精品酒店等多种主题业态，为本土创新势力打造实现梦想的新空间，创建全新的生活方式。

(3) 工业遗址公园。

工业遗址公园占地约42亩(1亩≈666.67m^2)，位于园区西侧，以重庆抗战兵器工业旧址群——钢铁厂迁建委员会生产车间旧址为核心，保留厂区内的3根大烟囱，场地内布局大量工业设备展品，构成重庆工业博物馆室外空间重要的展陈序列，双缸卧式蒸汽原动机和蒸汽机车头如图3-25所示。通过四川美术学院艺术家创意打造的多座工业主题雕塑，结合工业先驱人物雕塑，工业遗址公园已成为全国首屈一指、创意独特的视觉环境艺术体验区，在领略重庆百年工业精彩缩影的同时可体验工业文化与工业艺术的完美结合。

(a) 双缸卧式蒸汽原动机

(b) 上游型1253号蒸汽机车头

图3-25　工业遗址公园内景

2) 效果分析

(1) 最大化地保留和再利用现有的工业遗存。

从整个大渡口地区和重庆市发展的角度出发，在原有雄伟壮观的“十里钢城”已经或将要被基本拆除的背景下，园区以重庆工业博物馆为核心，尽可能地保留和再利用现有的工业遗存，以保存更多的场景信息和时代记忆，提升重庆工业博物馆的历史和文化意义。其最大的特色就是巨大尺度的工业景观和丰富的排架类型所构成的独特工业氛围与场所精神。

(2) 建立一个多元、复合的工业文化博览区。

重钢型钢厂厂区位于城市郊区，城市基础设施和交通条件并不发达，缺乏成熟的创意产业园的发育土壤，开发者应该通过一系列文化、会展、旅游、创意和商业开发策略，打造一个城市的文化产业发动机和特色旅游目的地，从而使项目在城市发展中能长期有效地散发活力和影响力。

(3) 创造标志性的、有鲜明地域和文化特征的城市景观。

重钢型钢厂是重庆市长江沿江天际线的重要景观节点，也是大渡口区乃至重庆市的重要标志，需要创造出一套新的建筑空间逻辑和形式语言，使得新建建筑、改造建筑和保留建筑有机统一而形成一个完整的景观形象，以实现对工业文明的继承和对城市文脉的解读。

3.4.3　中山岐江公园

1. 项目概况

中山岐江公园建成于 2001 年 10 月，位于广东省中山市区中心地带，是一个再现“造船主题”的全开放式休闲观光的城市公园，如图 3-26 所示。中山岐江公园原为粤中造船厂旧址，如图 3-27 所示。总体规划面积约 11 公顷（1 公顷=10^4m^2），其中水面面积约 3.6 公顷，建筑面积约 3000m^2，水面与岐江相连通，风格独特，别具一格。中山岐江公园充分利用粤中造船厂原有植被，进行城市土地的再生利用，设计强调足下的文化与野草之美，很好地融合了历史记忆、现代环境意识、文化与生态理念，是一个开放的、舒适的公共休闲场所，突出历史性、生态性和亲水性三大特色，作为中山社会主义工业化发展的象征，它不仅焕发出自然生态的园林之美，更展现出现代工业之美。

图 3-26　中山岐江公园

图 3-27　粤中造船厂旧址

2. 再生过程

1) 园区规划

(1) 总体布局。

中山岐江公园总体分为南北两部分。北部景观与中山繁华街区相连接，园内主要大型景点均在此区，如红盒子、船坞、烟囱、柱阵、铁轨等，集中体现公园景观设计的文化内涵。南部为自然式疏林景观。南北两区由水体相接。由于需要保护原有的古榕树和河流流域，原基地东侧设内运河与岐江贯通，不仅满足了岐江的排洪宽度，还保护了原基地临江的古榕树，形成江外有江的景观。

(2) 水体分布。

中山岐江公园内湖水约占公园总面积的 35%。公园西北部边界规划有以自来水为水源的溪流，水质不受岐江水位变化和污染影响。公园南部设计蛇形莲池，内养莲花，上设栈桥，旁植柳树，绿草如茵。整体来说，亲水、保护生态是岐江公园的一个特色。公园不设围墙，巧妙地运用溪流来界定公园，使公园与四周融洽和谐地连在一起，如图 3-28、图 3-29 所示。

图 3-28　水中盎然生态

图 3-29　水陆交融

(3) 道路系统。

沿公园贯通的主环路满足消防及公园管理行车要求。公园北部步行道呈五角形分布，以直线最短原理设计形成简洁直线路网，连接主要节点景观。南部自然式疏林景观也大致呈直线道路。园路按宽度和功能分三级：一级路 4.5m，二级路 2.2m，三级路 1.7m，道路铺石以花岗岩为主。

(4) 绿植选择。

园内种植有中山常见植物，如榕树、英雄树、凤凰树、葵尾、龟背竹、青竹、棕榈、柳树、荷、莲、象草、白茅草等，或成群种植或孤植。除公园东面临水及各出口外，其他周边是茂密绿植形成的天然绿墙，形成公园空间的整体围合。

2) 单体再生

(1) 中山美术馆。

中山美术馆是岐江公园的主体建筑，楼高两层，建筑面积约为 $2500m^2$，展厅面积约为 $1300m^2$，展线长 330m，如图 3-30 所示。美术馆建筑为美国哈佛大学俞孔坚博士等专家设计的，糅合了欧洲先锋派美学意念及后工业时代造型特色。中山美术馆采用大量的管道、钢筋和工字钢构成，运用铁青色钢架和鲜艳的柠檬黄墙壁这两个美学上对比最强烈的色彩作为主色调，大幅落地玻璃极具欧陆色彩，展厅和一排排随意在轨道上移动的展板使美术馆的现代感极其强烈。

图 3-30　中山美术馆

(2) 琥珀水塔。

琥珀水塔位于岐江边上的榕树岛上，由一座有五六十年历史的废旧水塔罩上一个金属框架的玻璃外壳而成，如图 3-31 所示。该水塔如同一个古世纪的昆虫被凝固在琥珀之中一样，所以命名为琥珀水塔。该水塔顶部的发光体接受太阳能后将在夜晚发光，灯光水塔除构成岐江夜晚的一景之外，还起了引航的作用。

(3) 骨骼水塔。

骨骼水塔是位于公园中间的另一座水塔，如图 3-32 所示。最初的设计是将一座废旧水塔剥去水泥后将剩下的钢筋和节点作为景观留在原处，但由于原水塔结构的安全问题而不能成功处理，最终按原来的大小用钢重新制作而成。

(4) 红色记忆。

红色记忆是一个装置艺术作品，该装置由一个红色的敞口铁盒围成，内有一潭清水，

图 3-31　琥珀水塔

图 3-32　骨骼水塔

如图 3-33 所示。它的一个入口正对着公园的入口，而两个出口分别对着琥珀水塔和骨骼水塔。通过用一种不同寻常的记录形式去描述曾经发生的故事，去传达设计者在这块土地上的感受。

(a)全景

(b)内景

图 3-33　红色记忆

(5)绿房子。

绿房子是对工业产品的一种设计形式的提炼和运用，它由 5m×5m 的树篱方格网组成，与直线的路网相互穿插，树篱高度设计为 3m，按照船厂当年职工宿舍的高度作为参考。被运用到室外的绿房子增强了空间的进深且提供了较为私密的空间。这些新的设计形式结合场地的故事，便赋予了绿房子新的内涵和意义，从而增强了它的场所体验，如图 3-34 所示。

(6) 铁轨。

工业革命以蒸汽和铁轨的出现为标志，铁轨也是粤中造船厂最具有标志的景观元素之一。儿时穿越铁轨时的快感，在这里变为一种没有危险的游戏，使冒险、挑战和寻求平衡感的天性得以袒露，如图 3-35 所示。

图 3-34　绿房子

图 3-35　铁轨

(7) 景观小品。

园区中有许多机械设备等均在再生利用过程中得到保留，成为丰富景观空间结构的、独特的重要艺术设计元素，如图 3-36、图 3-37 所示。

图 3-36　废弃设备

图 3-37　废弃船只

3. 再生效果

1) 园区构成

目前中山岐江公园分为工业遗产区、休闲娱乐区和自然生态区，如图 3-38 所示。①工业遗产区，大部分关于粤中造船厂的景观节点都分布在这片区域，区内植物绝大多数都是以低矮灌木和草坪为主，乔木只是点缀。②休闲娱乐区，这片区域主要有中山美术馆，以乔木为主。③自然生态区，这片区域的主要功能是让游园者嬉戏、散步，以野生植物为主。

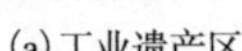
(a)工业遗产区

(b)休闲娱乐区

(c)自然生态区

图 3-38　三大功能分区

2)项目特色

中山岐江公园作为中国首个工业遗产保护成功的案例，以公园的形式把走过 46 年历史的粤中造船厂保留下来，反映了中山这个城市从农业文明、工业文明到生态文明的发展进程。

(1)体现工业化时代普遍性的含义。

工业化时代强调使用机器而解放人力，强调机械性，把复杂事物及工序分析和化解为简单的线性结构与功能关系。因此，再生利用中高度提炼出一些包括铁轨、米字形钢架、齿轮等在内的工业化生产的符号，公园形式上也充分体现工业化时代的特色。

(2)体现工业化的时代特色。

工业化时代带有生产与政治斗争相混合的特点，是极富时代特色的时期。因此，在设计上充分提取车间中仍然保留的形式符号，如领袖像、标语、口号、宣传画等，以创造一种历史的氛围。

(3)体现造船、修船的特色。

以船舶为主题，充分体现了公园的特点和功能，形成另一层面上的特色。中山岐江公园合理地保留了原场地上最具代表性的植物、建筑物和生产工具，运用现代设计手法对它们进行了艺术处理，诠释了一片有故事的场地，将船坞、骨骼水塔、铁轨、机器、龙门吊等原场地上的标志性物体串联起来，记录了船厂曾经的辉煌和火红的记忆。

总之，粤中造船厂 2001 年再生利用完成后，摇身一变成为风景秀丽的中山岐江公园。这里已经没有了曾经破败的感觉，带来的是水乡迷人的水陆公园，并在国际和国内景观行业获得了无数的好评。2002 年获得美国景观设计师协会荣誉设计奖、2003 年获得中国建筑艺术奖、2004 年获得第十届全国美展金奖、2004 年获得中国现代优秀民族建筑综合金奖、2008 年获得第 22 届世界城市滨水杰出设计最高荣誉奖。目前中山岐江公园作为一个综合性城市公园，既是一个具有时代特色和地方特色，反映场地历史同时能满足市民休闲、旅游和教育需求的综合性城市开放空间，又是一个可供人们娱乐的游戏场所。

思　考　题

3-1　请简述工业建筑的概念。

3-2 请简述工业建筑的特点。

3-3 请简述工业建筑的主要分类。

3-4 请简述工业建筑再生利用的基本内涵。

3-5 请简述工业建筑再生利用模式的影响因素。

3-6 请简述工业建筑再生利用的基本模式。

3-7 请简述工业建筑再生利用的常见手段。

3-8 请简述工业建筑再生利用的常见方式。

3-9 请简述工业建筑再生利用的关键要点。

3-10 请列举并介绍您所熟知的工业建筑再生利用项目。

参考答案-3

第 4 章　工业构筑物再生利用分析

4.1　基 本 内 涵

4.1.1　基本概念

1. 工业构筑物

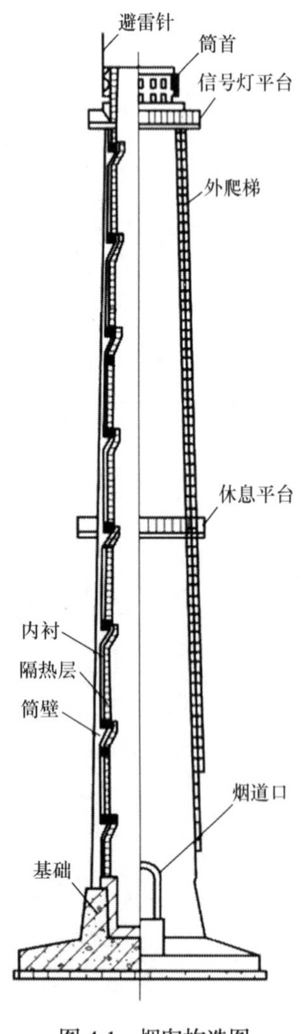

图 4-1　烟囱构造图

1）工业构筑物的概念

工业构筑物是指具有特殊用途，并与主体建筑配套使用的各种构筑物，包括烟囱、排水沟、栈桥、塔架、冷却塔等。除一般有明确定义的工业建筑、民用建筑等之外，一般来说工业构筑物主要指那些对主体建筑有辅助作用的配套设施并具有一定功能性的建筑结构的统称。工业构筑物的形态更加多样化，其空间以及构造也更为复杂。

2）工业构筑物的分类

(1) 烟囱。

烟囱是工业构筑物中最常见的一种高耸结构，用于排放工业与民用的炉窑高温烟气，能改善燃烧条件，减轻烟气对环境的污染。烟囱由基础、筒壁、内衬、隔热层以及附属设施组成，如图 4-1 所示。

常见的烟囱一般有砖烟囱、钢筋混凝土烟囱和钢烟囱三类。

① 砖烟囱。

砖烟囱的高度一般不超过 60m，多数呈截顶圆锥形，筒壁厚度为 240～740mm，用普通黏土砖和水泥石灰砂浆砌筑。为防止外表面产生温度裂缝，筒身每隔 1.5m 左右设一道预应力扁钢环箍或在水平砖缝中配置环向钢筋。

砖烟囱的优点主要为可以就地取材，节省钢材、水泥和模板；砖的耐热性能比普通钢筋混凝土好；由于砖烟囱体积较大，重心较其他材料建造的烟囱低，故稳定性较好。其缺点主要为自重大，材料数量多；

整体性和抗震性较差；在温度应力作用下易开裂；施工较复杂，手工操作多，需要技术熟练的工人。

② 钢筋混凝土烟囱。

钢筋混凝土烟囱多为高度超过 50m 的烟囱，一般采用滑模施工。钢筋混凝土烟囱的外形为圆锥形，筒壁厚度为 140～800mm。钢筋混凝土烟囱的优点主要为自重较小，造型美观，整体性、抗风性、抗震性好，施工简便，维修量小。烟囱越高，造价越高。在我国，钢筋混凝土烟囱的造价大大低于钢烟囱。目前，钢筋混凝土烟囱的应用越来越广泛。

③ 钢烟囱。

钢烟囱自重小，有韧性，抗震性好，适用于地基差的场地，但耐腐蚀性差，需经常维护。钢烟囱按其结构可分为拉线式、自立式和塔架式。

(2)筒仓。

筒仓一般指储存松散的粒状或小块状原材料或燃料(如谷物、水泥、沙子、矿石、煤及化工原料等)的储藏结构，既可作为生产企业调节、运转和储存物料的设施，也可作为储存散料的仓库。筒仓的平面形状有正方形、矩形、多边形和圆形等，如图 4-2 所示。圆形筒仓的仓壁受力合理，用料经济，所以应用最广。当储存的物料品种单一或储量较小时，用独立仓或单列布置；当储存的物料品种较多或储量大时，布置成群仓，筒仓之间的空间称为星仓，也可供利用，如图 4-3 所示。

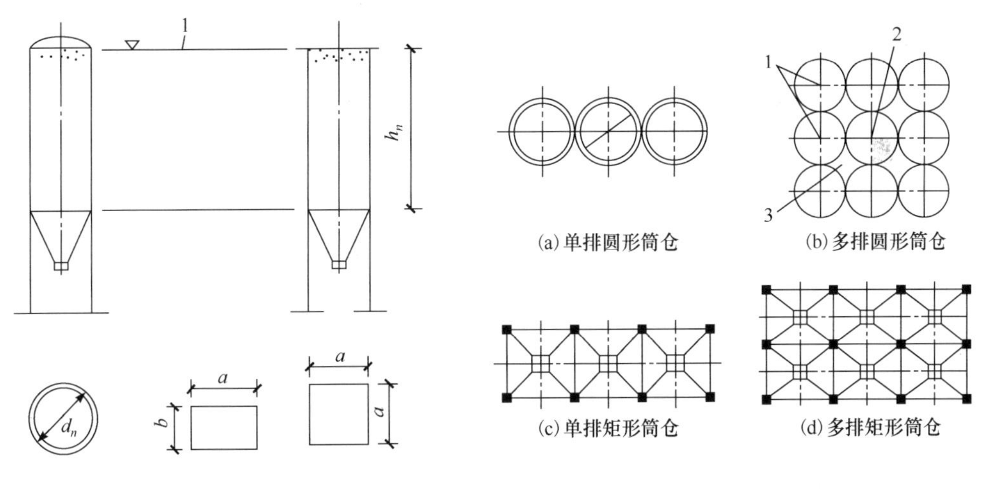

图 4-2 圆形筒仓和矩形筒仓

1-储料面

图 4-3 群仓的布置方法

1-外仓；2-内仓；3-星仓

筒仓结构构成如图 4-4 所示。筒仓结构的类型可按照使用功能、构造材料、筒仓高度和平面尺寸的关系、承重形式、筒体层数等方面进行划分。

① 按照使用功能，筒仓结构可分为农业筒仓和工业筒仓，如图 4-5、图 4-6 所示。其中农业筒仓用来储存粮食、饲料等粒状和粉状物料；工业筒仓用以储存焦炭、水泥、食盐、食糖等散装物料。

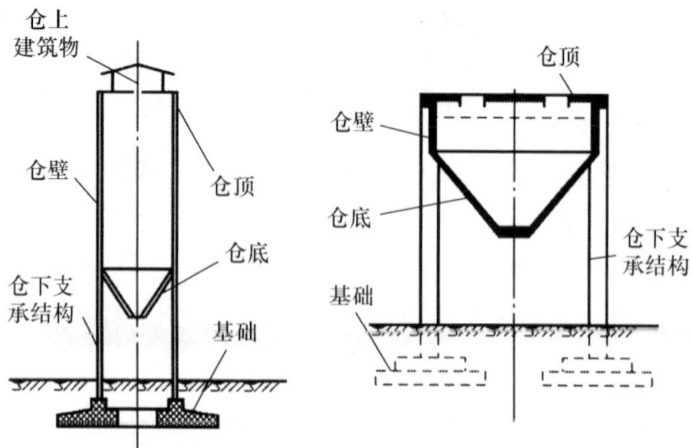

图 4-4　筒仓的组成

图 4-5　农业筒仓

图 4-6　工业筒仓

② 按照构造材料，筒仓结构可以分为砖砌筒仓、钢筋混凝土筒仓和钢板筒仓。砖砌筒仓一般为储量较小的圆形筒仓。钢筋混凝土筒仓可分为预制装配式筒仓、整体现浇式筒仓、预应力与非预应力筒仓等种类，如图 4-7 所示。钢板筒仓在工农业领域、城乡及环保工业等领域得到广泛应用，如图 4-8 所示。

图 4-7　钢筋混凝土筒仓

图 4-8　钢板筒仓

③ 按照筒仓高度和平面尺寸的关系，筒仓结构可划分为浅仓和深仓，如图 4-9、图 4-10 所示。浅仓主要供短期储料用，可自动卸料；深仓主要供长期储料用，卸料时需要用动力设施或人力。

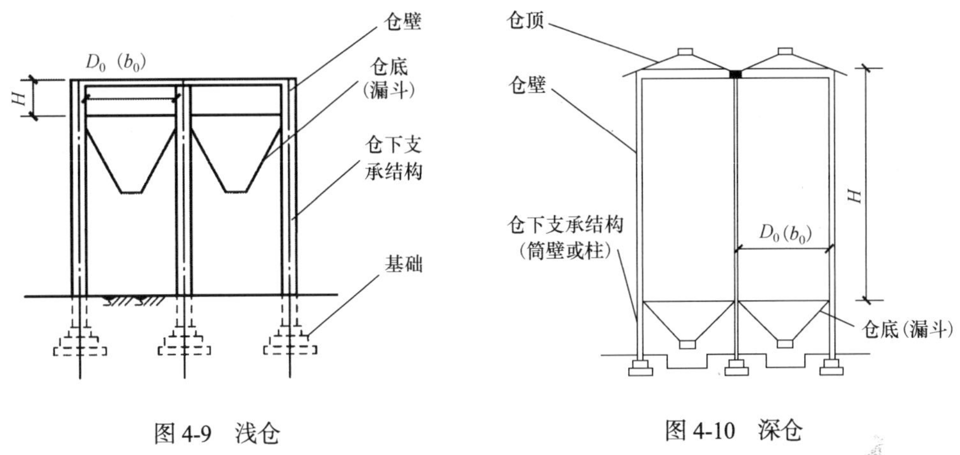

图 4-9　浅仓　　　　图 4-10　深仓

④ 按照承重形式不同，筒仓结构可以分为高架式筒仓和落地式筒仓，其仓下支承结构与仓底结构的分类和特点见表 4-1。

表 4-1　承重形式不同的筒仓类型

筒仓类型	筒仓直径(D)	仓下支承结构	仓底结构	特点
钢板筒仓	$D \geq 15$m	落地式	平底仓	利用地基承担大部分粮食自重，经济合理
	12m≤D<15m	根据实际情况选择	根据实际情况选择	根据实际情况选择
	D<12m	架空式	漏斗仓底	利于出粮，机械化操作
钢筋混凝土筒仓	$D \geq 15$m	非整体连接	边梁或环梁简支支撑于仓壁壁柱，或与仓壁完全脱开	便于滑模施工、简化计算，施工效果较好
	D<15m	整体连接	仓底与仓壁整体浇筑	整体性好，不便于滑模施工，计算较复杂

另外，按照筒体层数，筒仓结构可分为单层仓和双层仓；按照平面组合形式，筒仓结构可分为单体筒仓和群体筒仓；依筒仓设计的结构形式不同，可以分为钢筋混凝土结构、钢结构、砌体结构三类。

(3) 水塔。

水塔用于建筑物给水、调剂用水，维持必要水压，并起到沉淀和保证用水安全的作用。水塔由水箱、塔身、基础和附属设施等组成。水塔主要有砖支筒水塔、倒锥壳水塔、支架水塔三种，如图 4-11 所示；其结构形式如图 4-12 所示。

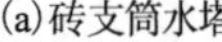
(a)砖支筒水塔

(b)倒锥壳水塔

(c)钢筋混凝土支架水塔

(d)钢支架水塔

图 4-11　水塔的形式

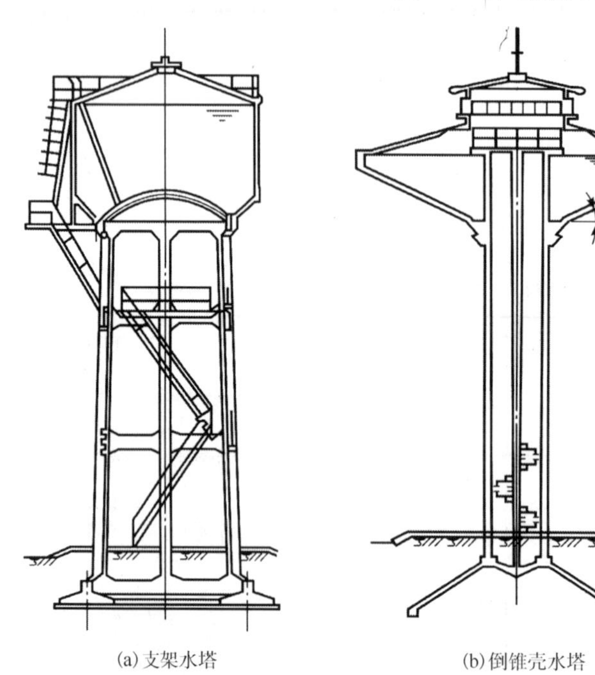

(a) 支架水塔

(b) 倒锥壳水塔

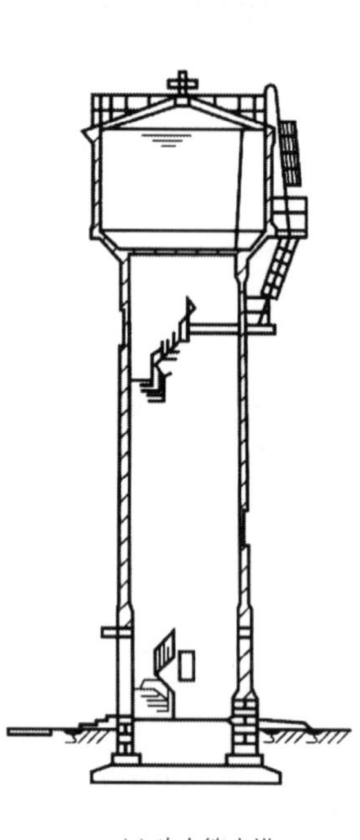
(c) 砖支筒水塔

图 4-12　水塔的结构形式

(4) 冷却塔。

冷却塔是用水作为循环冷却剂，从系统中吸收热量排放至大气中，以降低水温的装置。冷却塔是将携带废热的冷却水在塔内与空气进行热交换，使废热传输给空气并散入大气。利用水与空气流动接触后进行冷热交换产生蒸汽，蒸汽挥发带走热量达到蒸发散热、对流传热和辐射散热的目的，从而散去工业生产中产生的余热，降低水温，有效控制水温过高造成的不利影响，以保证系统的正常运行。冷却塔的分类有三种，按照通风方式分为自然通风冷却塔、机械通风冷却塔、混合通风冷却塔；按照热水和空气接触方式可分为干式冷却塔、湿式冷却塔和干湿式冷却塔；按照使用用途可分为空调用冷却塔、工业用冷却塔和高温型冷却塔。

为了节约能源，大型冷却塔多为自然通风冷却塔，它由通风筒、支柱和基础组成。通风筒多为钢筋混凝土双曲线旋转壳，其具有较好的结构力学特性和流体力学特性，双曲线冷却塔的组成及旋转曲面如图 4-13 所示。

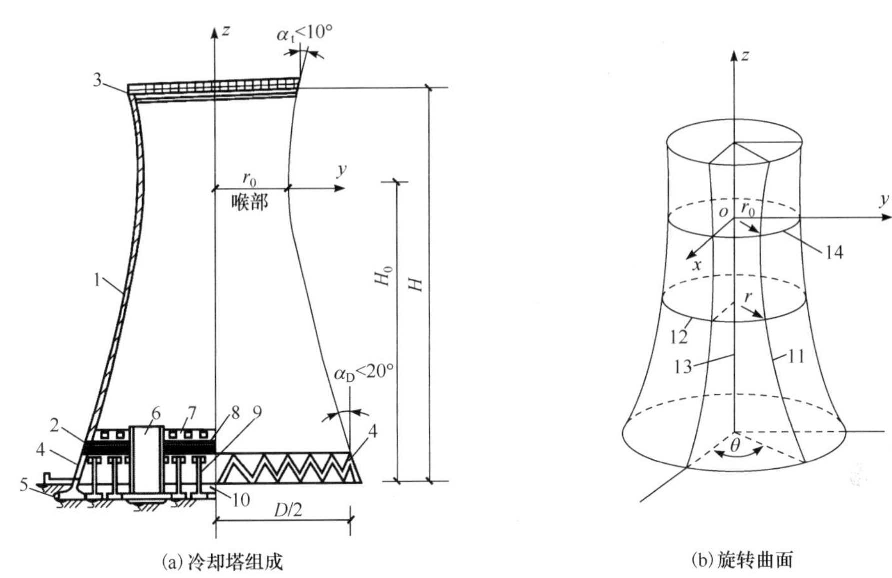

(a) 冷却塔组成　(b) 旋转曲面

图 4-13　双曲线冷却塔的组成及旋转曲面

1-筒壁；2-环梁；3-刚性环；4-支柱；5-塔基；6-竖井；7-配水装置；8-淋水装置；9-支承构架；10-集水池；11-母子线(子午线)；12-平行圆；13-旋转轴；14-喉部

(5)贮液池。

给水排水工程中的贮液池从用途上可以分为两大类：一类是水处理用池，如沉淀池、滤池、曝气池等；另一类是贮水池，如清水池、高位水池、调节池。前一类池的容量、形式和空间尺寸主要由工艺设计决定；后一类池的容量、标高和水深由工艺设计确定，而池型及尺寸则主要由结构的经济性和场地、施工条件等因素来确定。

贮液池常用的平面形状为圆形或矩形，其池体结构一般由池壁、顶盖和底板三部分组成。按照工艺上需不需要封闭，又可分为有顶盖(封闭水池)和无顶盖(开敞水池)两类。给水工程中的贮水池多数是有顶盖的，而其他池子则多不设顶盖。

(6)高炉。

高炉是用钢板作炉壳，壳内砌耐火砖内衬。炼铁高炉工艺系统是由原料系统、上料系统、炉顶系统、炉体系统、粗煤气系统及煤气清洗系统、风口平台及出铁场系统、渣处理系统、热风炉系统、煤粉制备及喷吹系统、辅助系统等组成。出铁场的形式可分为两种：一种为矩形出铁场；另一种为环形出铁场。环形出铁场适用于出铁口较多、炉体体量较大的高炉。矩形出铁场适用于几乎所有高炉，我国绝大多数高炉均采用矩形出铁场。高炉本体为封闭的空间，不能作为再利用空间，但可结合垂直方向的作业平台进行展示利用。而出铁场空间的可塑性较强，可以根据具体的大小做垂直和水平方向的划分，为再利用提供多种可能性。

(7) 连廊。

连廊是指建筑和建筑之间的连接构筑物。连廊设置一方面出于建筑功能上的要求，它可以方便两塔楼之间的联系；另一方面连体具有良好的采光效果和广阔的视野而可以用作观光走廊或休闲咖啡厅等。图 4-14 为鲁尔工业区的橙色大自动扶梯。图 4-15 为昆明 871 文化创意工场的工业连廊。

图 4-14　鲁尔工业区橙色大自动扶梯

图 4-15　昆明 871 文化创意工场工业连廊

2. 工业构筑物再生利用

工业构筑物再生利用是指针对已经废弃或闲置的工业及民用构筑物，虽然其已不再满足生产生活的需求，但是建筑物本身具有一定的使用价值，通过技术手段，对其进行修复、翻新或加固等，使其具备新的使用功能。再生利用工业构筑物旨在为既有构筑物赋予新的生命，保留其所包含的历史性，同时融入与时俱进的现代性，最终实现其生命周期的循环使用。工业构筑物再生利用的前提和基础是，原有构筑物没有完全拆除，全部或部分构筑物可以进行再生利用。图 4-16、图 4-17 是我国工业构筑物再生利用的典型案例。南通油脂厂内露天酸处理场地上遗留的混凝土酸液处理水池，经过修复，被改造成了景观花池(图 4-16)。琥珀水塔是在原工业构筑物外围包裹一层玻璃幕，内置灯光进行照明处理，构筑物在玻璃幕中若隐若现，成为公园内的一大亮点(图 4-17)。

图 4-16　南通油脂厂酸液处理水池

图 4-17　中山岐江公园琥珀水塔

结合工业构筑物的定义及其具体特征分类，总结出其作为再生利用的空间结构本体存在的共同特征。

1) 空间可塑性

工业构筑物不同于一般的厂房建筑，建筑平面完整单一，表现出明显的空间向心性特征，在建筑竖向高度上，没有结构构件的阻隔，可以进行多层的竖向空间分隔，具有较高的空间可塑性。平面构成和建筑高度结合形成的室内空间表现出一种独有的空间特性，可以营造静谧、深邃的空间效果，留给设计师更多的创造想象空间。

2) 区域标志性

工业构筑物独特的立面造型和外部空间构成，以及在高度上形成的竖向构图，使其在整个区域中散发着浓郁的工业气息，形成了独特的空间标志性效果。空间的标志性效果给区域更新和场所营造带来了极大的便利，为地区和城市增加了空间辨识度，有助于工业遗存的活化再生。

3) 结构稳定性

工业构筑物包含砖混结构、钢筋混凝土结构和钢结构等几种结构类型，在结构构造上采取弧形筒壁结构，具有更强的结构稳定性。改造后的工业构筑物在高度上属于高层建筑，正是这种结构构造形成了一定的空间结构优势，如具有较高的抗剪力，可以导引室外风压、减少噪声污染等。

4) 空间趣味性

因工业构筑物自身原有的工艺流程，构筑物内一般都形成了自下而上或自上而下的空间秩序，从不在其内进行生产活动的工业设施，到承载人们进行功能性活动的公共空间，空间变化的差异性形成了一种反差，结合原有的设施构件进行空间的重组，具有一定的空间趣味性，不同于一般的生产建筑，对其进行改造再利用更具创意性。

4.1.2　发展现状

1) 国外发展综述

随着科技的发展进步，人类慢慢步入信息化时代，传统工业逐渐衰退，出现了大批的工业遗存厂区。20 世纪 70 年代，德国进入逆工业化时期。鲁尔工业区内，遗存了大量的、多样化的工业建筑物和构筑物，而且这些工业遗存并没有在历史“除锈”中倒下，实现了工业化的转型。在 20 世纪 60 年代到 20 世纪 80 年代，鲁尔工业区完成了工业化的蜕变，原以煤炭开采和钢铁重工业的形象闻名于世的工业重地，发展成了一条具有旅游吸引力、得到社会认可的工业遗产旅游之路。园区内存有大量的筒体工业构筑物，如高炉、烟囱、油罐、水塔、煤气储罐等，随着后工业景观模式的开发再利用，它们成为厂区内标志性的景观，如高炉被改造成观光塔，煤气储罐被改造成人工潜水中心等。这些筒体工业构筑物被重新定义，被赋予了新的功能，为工业文化注入了新的活力，这也是对于工业构筑物最早进行的保护研究。2010 年在芬兰坦佩雷主办的题为“工业遗产再利用”的国际工业遗产联合会议中，提到坦佩雷城市密集分布的烟囱构成该城市最具工业遗产特性的标志物，同时也是辨识城市空间、形成城市天际线变化的重要元素，是坦佩雷城市工业遗产体系的重要支撑，强调对于工业遗产的多元化理解和再利用，并进行有创意、有趣味的设计改造。

伴随工业时代的来临，出现了类似钢铁厂、水泥厂、面粉厂等大量的厂区遗存，以及大量的筒体工业构筑物，其形体空间的独特性引发了越来越多设计师的关注。原有的水塔被改为居住的学生公寓，筒仓被改为室内攀岩的体育设施、公寓、酒店等，呈现出了丰富的功能置换类型，为国内的类似案例提供了大量的实践基础。

2）国内发展综述

⑴工业遗产研讨会方面。近几年的工业遗产研讨会中，出现了几篇有关筒体工业构筑物的文章，2014年董一平在《都市乡愁的“老槐树”——工业构筑物价值认知思考》中，强调了工业构筑物的区域标识性，扩展了人们对其的价值认知。杨思然在《工业遗产细节性评价——以首钢三号高炉工业遗产评价为例》中，从细节评价到具体构件分析，为以首钢三号高炉为代表的复杂遗产评价、保护研究寻找可行之路。2016年杨伯寅、刘伯英在《首钢西十筒仓改造工程简析》中，对筒仓的价值、改造与再利用方法做了较为详细的阐述。2016年姚严奇、李振宇在《工业遗产中筒仓的保护与再生》中，介绍了筒仓的发展概况和价值，归纳总结出筒仓的功能置换类型和方法。

⑵学术论文方面。2011年，太原理工大学的程伟在《工业废弃地景观更新与工业遗产保护利用研究》中，对工业构筑物作为景观的再利用方式做出简要说明。2012年，哈尔滨工业大学的赵博在《对历史印记保留的旧工业建筑改造设计研究》中，从历史印记的角度出发，通过对烟囱、水塔、冷却塔以及筒仓等工业构筑物的特征分析，提出对其进行原真性保留与延伸性功能置换的改造方法。2014年，西安建筑科技大学的杨思然在《首钢三号高炉工业遗产的评价研究》中，对其价值和构成要素做了系统全面的研究，为高炉这种特殊的工业构筑物的保护提供了指导性意见。2014年，南京大学的岳文博在《废弃水泥厂改造中空间竖向高程关系的适应性设计研究》中，对于筒仓的结构类型以及利用策略做了简单叙述，但针对这类特殊的工业构筑物未涉及更多的内容。2015年，南京工业大学的李讳在《南京江南水泥厂工业遗产保护与再利用研究》中，对厂区现有的筒仓提出了功能置换的改造模式，再利用为艺术中心和攀岩体验馆，但是没有针对筒仓做更为具体的空间分析，只是从功能置换的角度提供了一种设计构想。2015年，浙江大学的李冰在《工业遗产中“生产性遗存物”的再利用研究》中，将工业构筑物划分到了“生产性遗存物”中，提出了功能性重构、景观性塑造和材料再利用三种再利用方法。2017年，北方工业大学的张听雨在《首钢文化创意产业园区工业遗存建筑改造与再利用研究》中，针对首钢的高炉、筒仓、冷却塔三种特定的工业构筑物，结合首钢的实际遗存情况做了改造型利用分析，分析了首钢遗存的高炉、筒仓、冷却塔的现状和空间特点，针对实际案例，提出了改造与再利用的适应性研究策略。2018年山东建筑大学的王欣在《筒仓类工业构筑物的改造再利用研究》中，对于这种特殊类型的工业构筑物做了更为全面的总结，提出了改造原则和方法，但更多的是侧重于对筒仓类工业构筑物进行分析，其他几种类型涉及较少。

⑶期刊方面。2011年，崔翀在“工业遗产中水塔的保护与再生——荷兰赖斯韦克和索斯特的水塔改造设计”中通过实践项目论述了水塔的可利用价值。2012年，姜翠在“工业构筑物改造初探——以某炼油厂为例”中，从工业构筑物的特征、改造困难和改造的必要性上进行了探讨。2015年，江海涛等在“旧工业水塔的改造及再生”中，对水塔的特点、类型以及价值等进行了分析，探究了旧水塔的再生途径。2017年，刘抚英等在“筒仓再生

为居住设施模式解析”中，对筒仓再生为居住设施的适宜性及再生为居住建筑的空间模式做了具体分析。2017 年，马跃跃、马英在“试论遗产保护视角下的工业构筑物重构与再生”中，对工业构筑物的定义与分类、改造原则与再利用方式进行了阐述。2018 年，刘抚英等在“立筒仓保护与再利用对策研究”中，总结了筒仓的发展概况、类型特征，并结合具体的立筒仓改造案例，探讨了筒仓的再生方法。

除了上述的学术论文，近几年，国内针对工业构筑物也做了大量的实践研究。通过对其内部空间结构的分析，对其功能进行了新的调整和活化再生，具体项目案例统计见表 4-2。

表 4-2　国内工业构筑物再生利用项目案例

项目	类型	再生利用功能	再生利用类型	示意图
上海民生码头	筒仓群	展厅	文化设施	
宁波太丰面粉厂	筒仓	商业办公	商业设施	
杭州转塘双流水泥厂	筒仓群	创意工作室	办公设施	
上海油罐艺术中心	油罐	展厅	文化设施	
北京首钢	筒仓	奥林匹克运动会组织委员会办公楼	办公设施	

续表

项目	类型	再生利用功能	再生利用类型	示意图
中国农业大学	水塔	咖啡厅	商业设施	
深圳蛇口大成面粉厂	筒仓	2013 深港建筑双年展展厅	文化设施	
上海当代艺术博物馆	烟囱	景观	景观设施	

4.2 再 生 策 略

4.2.1 再生原则

工业构筑物的再生利用是建立在研究和了解原构筑物的基本状况，探寻其蕴藏的文化特色的基础上的工程活动。工业构筑物再生原则的具体内容如图 4-18 所示。

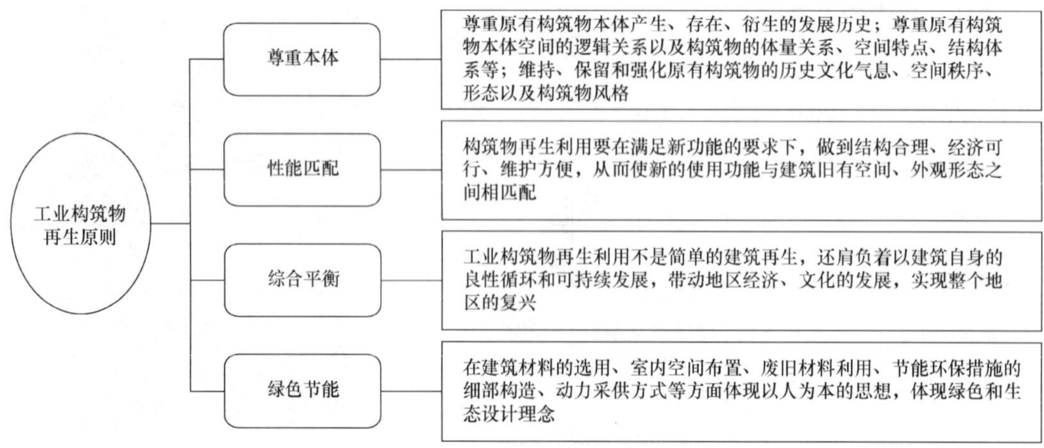

图 4-18 工业构筑物再生原则

4.2.2　空间结构再生

1. 空间结构原构

空间结构原构是指基本保持工业构筑物的原有空间形态不变，只对其进行合理的修缮加固，结合功能的使用需求，对其内部的附属设施、设备管线等做更新处理，而不需要对空间做过多的改造，只进行文物本体的展示，或是对内部空间进行简单的再利用。

(1) 当再利用的置换功能空间与工业构筑物的空间结构和尺度相匹配时，不需要进行空间的拆解和补充就可以满足使用功能。

(2) 当工业构筑物本身的遗产价值较高时，不能随意改变其内部空间结构。

(3) 当工业构筑物的结构改造技术难度较大，且原建筑空间可以满足更新后的功能要求时，可以维持原构筑物的空间形态。

(4) 受投资建设等方面的限制，为节约建设成本而不改变原构筑物的空间形态。

如图 4-19(a) 所示，芬兰赫尔辛基 468 号筒仓再生利用为光学艺术展示馆，仓体内部空间维持原形态不变；如图 4-19(b) 所示，德国奥伯豪森煤气储罐再生利用为展览馆，利用储罐内的空气压缩盘分割展览空间；如图 4-19(c) 所示，加拿大蒙特利尔 Redpath 糖厂筒仓改造为 Allez-Up 攀岩健身房，内部空间维持原构。

(a) 芬兰赫尔辛基 468 号筒仓

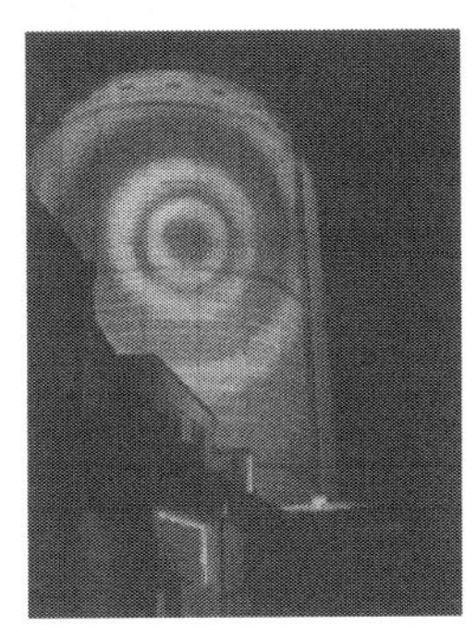
(b) 德国奥伯豪森煤气储罐

(c) 加加拿大 Redpath 糖厂筒仓改造

图 4-19　空间结构原构实例

2. 空间结构分隔

1) 垂直分隔

为了提高原有构筑物空间的利用率，在建筑的垂直方向上将单层空间分为多层空间或局部夹层空间，将具有高跨度的室内空间沿垂直方向增设新的水平界面，提高空间的利用率，并使界面分解得更有层次性，形成多样化的使用空间，其效果如图 4-20 所示。也可以将具有多层次的室内空间沿垂直方向减少既有构筑物的水平界面，如图 4-21 所示，得到比原有建筑空间更高跨度的室内空间，给人以通透的空间感，更能满足大空间设计的可能。

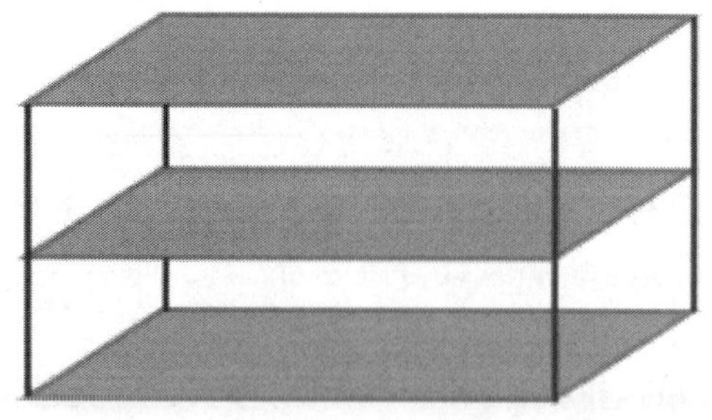

图 4-20　空间垂直分隔示意图——加层

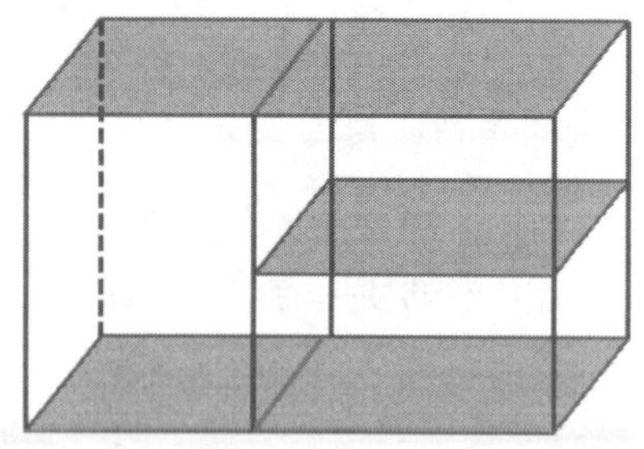

图 4-21　空间垂直分隔示意图——减层

2）水平分隔

水平分隔是通过隔墙或可移动隔断等固定或可移动的设施，根据改造需要的功能空间进行同一平面维度上的重新布局。该方法常用于居住、办公和展览等层次较为单一的空间，进行同一维度的功能排列。通过增加隔墙的方式，将大空间分隔组合成多个小空间，以满足使用用途。需要特别指出的是，增加隔墙的方式由于在原空间上新增了结构荷载，所以原建筑的结构受力体系需要达到一定的要求。

3）局部空构

局部空构是指将原空间构成体系部分拆解并移除，形成中空的空间构型。该模式常用于在既有建筑空间中设置中庭空间。

4）新构嵌入

新构嵌入指在建筑内部空间重构中将全新的空间构型镶嵌进原空间系统中。新构可以以实体的形态呈现，也可以表现为“虚”的空间。如图 4-26、图 4-27 所示，荷兰 Silos Zeeburg 污水处理筒仓再生利用为用于攀缘的体育文化设施，主要包括攀岩中庭、旅馆、餐厅、音乐厅、训练厅、电影院等。在攀岩中庭的设计中，建筑师在圆柱形筒仓空间中嵌入了富有趣味性的倒锥形攀爬空间构型。

图 4-22　Silos Zeeburg 污水处理筒仓设计效果图

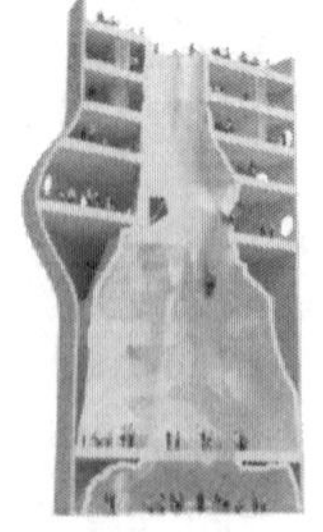

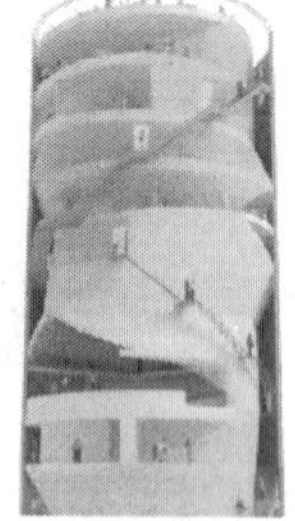

图 4-23　Silos Zeeburg 再生利用新构嵌入

3. 空间结构外接

1）周边外接

（1）并列型外接。

并列型外接是指外拓空间与原建筑体量并置的扩建方法。如图 4-24 所示，澳大利亚悉尼 Summer Hill Flour Mill 面粉厂的面粉筒仓再生利用为住宅项目，其扩建部分采用了与原筒仓并列的建筑体量。如图 4-25 所示，丹麦 Løgten 筒仓改造为居住综合体。如图 4-26、图 4-27 所示，挪威奥斯陆粮食筒仓再生利用为 Sinsen Panorama 公寓项目。

图 4-24　Summer Hill Flour Mill 面粉筒仓再生利用

图 4-25　丹麦 Løgten 筒仓改造

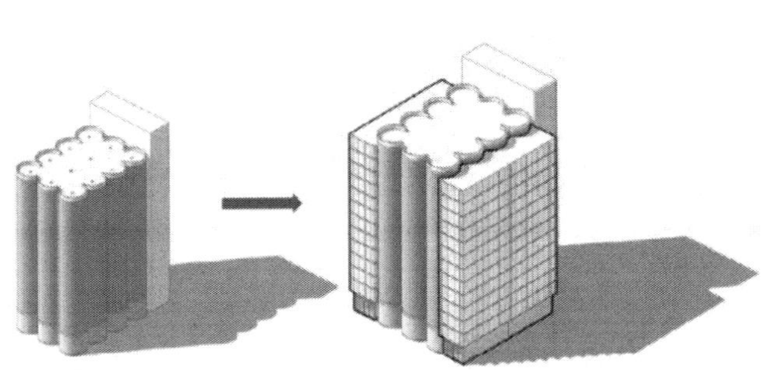

图 4-26　奥斯陆粮食筒仓再生利用为 Sinsen Panorama 公寓

图 4-27　公寓外观

(2) 包围型外接。

包围型外接是指在维持原筒仓形体基本不变的前提下，外拓空间对原筒仓形体构成了整体或局部的围合关系。图 4-28 为由丹麦哥本哈根港口区 Portland Towers 筒仓完成改造设计的丹麦哥本哈根弗洛兹洛双子星住宅。

(a) 大楼外观

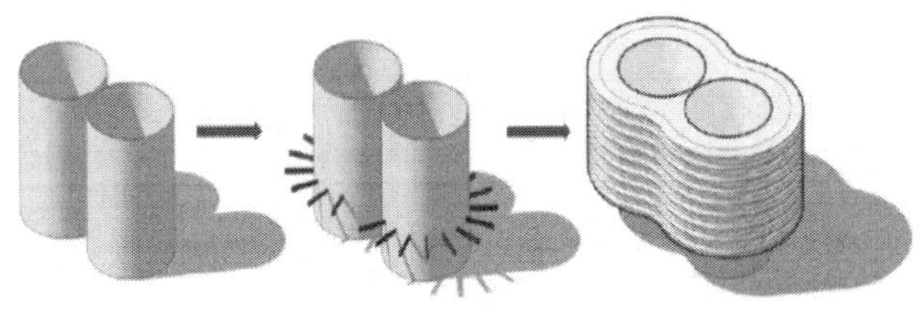

(b) 包围型外向延拓示意图

图 4-28　丹麦哥本哈根弗洛兹洛双子星住宅

2) 顶部加层

顶部加层是指在原建筑体量顶部加设新的建筑体量的空间更新模式，其可以提高建筑使用效率，以原建筑结构能承受的附加荷载为前提。如图 4-29、图 4-30 所示，南非约翰内斯堡 Mill Junction Silo 粮食筒仓改造为学生宿舍和公共服务空间项目。

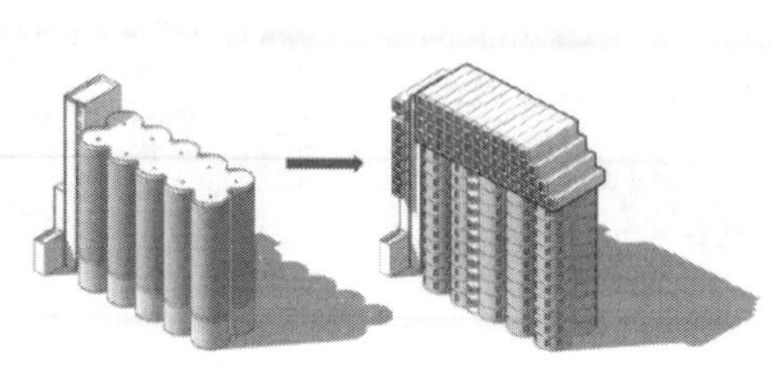

图 4-29　Mill Junction Silo 粮食筒仓屋顶加建示意图

图 4-30　Mill Junction Silo 粮食筒仓屋顶加建外观

3) 部分置换

部分置换是指保留原筒仓部分形体，其余部分拆除后新建其他形体的空间更新模式。典型案例为比利时韦纳海姆筒仓改造为公寓项目。为避免破坏原建筑结构的逻辑和形体特征，保存下来的 6 个筒仓只是在仓筒壁上开设了很小的窗洞口。筒仓内部每个户型都有 3 个圆形空间和 1 个方形空间，方形空间主要为起居室和带有室内平台的厨房。部分置换的新建建筑与原建筑通过体量、色彩、材料、构图等的对比体现出新与旧的共生关系，如图 4-31、图 4-32 所示。

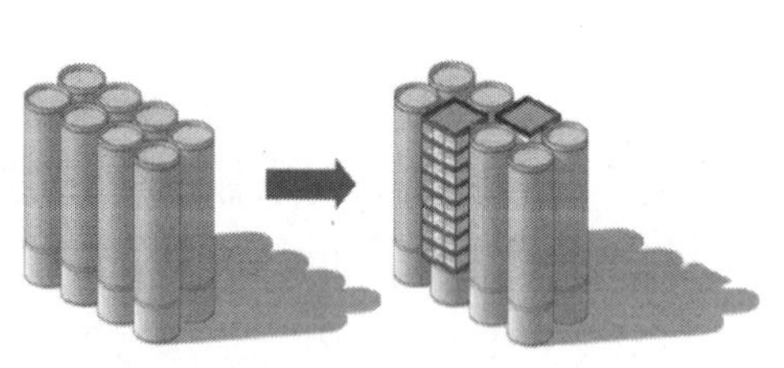

图 4-31　韦纳海姆筒仓部分置换示意图

图 4-32　韦纳海姆筒仓改造为公寓

4. 空间组合更新

空间组合更新是指综合应用了两种或两种以上的空间结构再生模式。如图 4-33 所示，在波兰华沙的筒仓改造竞赛中，设计师在两个废弃筒仓的外围环以船运集装箱，作为室内的潜水、跳伞中心，而外延部分则作为辅助用房；如图 4-34 所示，宁波太丰面粉厂改造项目中，在筒仓顶层加建了两层，形成玻璃幕墙的外立面，延展了建筑功能。

图 4-33　波兰华沙筒仓改造局部外延效果

图 4-34　宁波太丰面粉厂筒仓顶部外延改造

4.2.3　建筑立面再生

1. 保护性立面再生

保护性立面再生是指在建筑再生中其表皮维持建筑原形态不变，以保护建筑的历史价值以及随时间变化所留存下来的历史痕迹。该方法一般仅对建筑外表面做清洁、维护，并根据现场调查和实际检测结果对不影响历史信息的破损处做适当的修补、加固。一般地，在工业构筑物再生利用中采用保护性立面再生对策一般基于以下几方面考虑：①基于对有价值的原建筑历史信息进行保护的理念；②建筑师以保留原建筑表皮的形式、材料、质感、色彩等作为设计的主要出发点；③节约构筑物再生利用的经济成本。

图 4-35　广州啤酒厂麦筒仓改造

图 4-35 是利用广州啤酒厂麦筒仓仓顶建筑改造形成的广州源计划建筑设计工作室总部办公楼，在原仓顶建筑的南北墙面对应各开了 5 个门洞，利用筒仓顶部形成了 12 个半圆的室外阳台；建筑其他各部分都基本上保留了原建筑的材料、颜色和痕迹。

2. 艺术性立面再生

艺术性立面再生是指在建筑墙面或火车等物体上绘制幽默、粗野的文字和图案。涂鸦的主要载体为构筑物的墙面、广告牌、地铁等，其表现形式多为字体、抽象的图形、符号、夸张的卡通人物等。在色彩的运用中，大部分的涂鸦作品都使用高纯度的颜色。涂鸦多存在于城市中的商业区、工业区。在城市商业区中，越来越多的商家在广告中运用涂鸦艺术，使其形成特殊的视觉艺术效果。在城市工业区中，涂鸦艺术作为一种建筑表皮再生手段而

图 4-36 加拿大温哥华格兰维尔岛筒仓

迅速发展，萧瑟冷清的废弃厂房烘托了涂鸦艺术不加修饰和冷酷的性格，其鲜艳纯粹的色彩也在暗沉的墙壁上得到更好的体现。

工业构筑物中使用艺术性立面再生模式的现存案例较少。典型案例之一是巴西的奥克塔维奥和古斯塔沃兄弟在6个筒仓上创作的“卡通巨人”涂鸦作品，创作历时一个月，如图 4-36 所示。

3. 生态性立面再生

生态性立面再生是指将绿化植被等自然生态要素引入建筑表皮系统，相关概念有植物绿化外墙、垂直绿化外墙等。生态性立面再生具有一定的绿色、生态、艺术功效，如建筑外表皮保温隔热、净化空气、吸声减噪、美化视觉环境等。

如图 4-37 所示，里卡多 · 波菲建筑设计事务所总部的部分圆筒仓即采用了自然生态化表皮再生方法，富有历史沧桑感的筒仓外壁与攀附于其间的植被相得益彰。

(a) 里卡多 · 波菲建筑设计事务所总部(一)

(b) 里卡多 · 波菲建筑设计事务所总部(二)

图 4-37 里卡多 · 波菲建筑设计事务所总部自然生态化表皮再生

4. 功能性立面再生

功能性立面再生是根据不同功能类型的立面再生技术进行分类的。

1) 置换式立面再生

置换式立面再生指的是采用与原构筑物立面的形式、材料、质感、色彩等方面具有突出差异的新表皮，对原建筑立面进行置换的再生方法。如图 4-28 所示，丹麦哥本哈根弗洛兹洛双子星住宅大楼项目扩建部分的外立面采用了经过精致处理的玻璃幕墙，与未经处理的原筒仓粗糙的混凝土外立面的对比效果显著，这是对原建筑局部进行的立面置换。

2) 格构式立面再生

格构式立面再生是指由建筑外围护结构的构成要素所形成的网格状虚实构图关系。在建筑立面设计中，应用重复、叠加、异化并置、穿插、咬合、渐变、多层复合甚而分形、非线性等设计手法，辅以立面材料、色彩、光影的变化，可以形成丰富的视觉艺术效果。格构式立面再生方法主要有三种。

(1)格构化构件运用。格构化构件运用是指在构筑物表面外挂阳台、栏板、遮阳设施、凸窗以及其他装饰构件等上形成格构式立面的方法。图 4-38 是再利用为公寓的澳大利亚 Hobart Silo 粮食立筒仓外挂格构式水平遮阳组件。

(2)网格化立面分划。网格化立面分划是指在构筑物原体量或新增建体量的表皮上采用网格化立面分划构图的表皮处理方式。如图 4-39(a)所示，悉尼 Summer Hill Flour Mill 的面粉筒仓更新为居住设施项目的原筒仓部分采用了网格化立面分划。

(3)网格化材料利用。网格化材料利用是指用于构筑物再生的表面覆层材料自身具有网格化特点，使立面在视觉上表现为网格化形式特质。图 4-39(b)为 Summer Hill Flour Mill 筒仓再生时局部蒙覆金属网。

图 4-38　澳大利亚 Hobart Silo

(a)场景(一)　(b)场景(二)

图 4-39　Summer Hill Flour Mill

3)点阵化式立面再生

点阵化式立面再生是指在建筑外立面上按设计确定的构成形式开设孔洞，并形成有一定规律性或无规律阵列的建筑表观形态，其形式由开设孔洞的数量、大小、形状、深浅、疏密、排列组合方式等关联因子合构形成。如图 4-40 所示，北京首钢西十筒仓更新为综合设施项目，在六座筒仓表面分别采用了圆形、方形、矩形等大小、尺度不等的洞口，形成了三组形态略有差异但整体协调统一的立面风格。

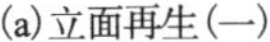

(a)立面再生(一)

(b)立面再生(二)

图 4-40　北京首钢西十筒仓

4.3 再 生 要 点

工业构筑物属于工业建筑的一部分，为了满足工业生产的需求而建。由于工业构筑物是为满足生产功能而建的，没有适合人们使用的内部空间，一般不适宜在内部工作和生活。但是，工业构筑物的结构非常实用牢固，且体量高，形态具有工业感，再生利用时可以直接将构筑物作为标志建筑物或者景观建筑使用，在城市中形成独特的工业地标。

4.3.1 场地关系要素

在地性是建筑的固有属性之一，环境关联也是建筑设计中的基本问题。工业构筑物的鲜明形象是项目所在区域和城市的标志，再生利用应该关注其所在城市、厂区的位置关系。从宏观角度出发，城市发展规划以及旧工业厂区在城市中的位置、交通可达性和周边城市功能布局等因素，都对工业构筑物的再生利用发挥着重要作用。从中观角度考虑，旧工业厂区的再生利用需要考虑工业构筑物场地与整个厂区的空间环境关系及其在厂区中的交通可达性、厂区公共空间布局以及功能定位等要素。而在微观视角下，再生利用更加关注工业构筑物独有的场所领域性，由于工业构筑物是生产过程中的一个组成要素，场地关系阐释了生产的工艺流程，再生利用中应考虑原有的生产工艺流程，联系与之相关的生产活动要素，整合周边环境要素，在厂区总体规划设计的基础上，完成工业构筑物独一无二的外部空间设计，延续场所精神。

4.3.2 空间特征要素

工业构筑物的最特殊之处就是其结构外形和内部空间特点，曲面的筒壁、原始的材料饰面等呈现出粗野主义的现代美感。根据工业构筑物空间结构类型的不同，再生利用前应该明确其空间结构构成要素，了解其结构特点，进行有针对性的结构检测分析，在保持结构、空间原真性的基础上制定合理的加固设计方案。针对不同材料结构的构筑物，采取不同的办法进行修缮加固，但要注意对于历史肌理的保留。如图 4-41 所示，杭州运河文化艺术中心的运河书房再生利用后作为书店使用。工业构筑物是一座城市重要的历史片段，蕴涵了一代代产业工人的青春和理想，为研究当时的工业生产和生活提供了不可多得的凭证。

4.3.3 工艺流程要素

工艺流程是工业生产中从原料到产品的制作过程中的要素组合，记录各个阶段的具体操作过程，是还原工业生产场景的重要线索。而工业构筑物是工业生产流水线上的一个重要环节，是工业生产中的重要载体。对于其工艺流程的了解，可以帮助理解其空间构成关系，熟悉各构件之间的内在联系。在工业构筑物再生利用过程中，将工艺流程作为设计的一个重要因素，在尊重原有空间逻辑的基础上，从功能流线、空间构成入手，按照工业构筑物原有的工艺流程进行垂直和水平方向的功能布局，组织流线，增强空间体验感，从另一方面阐释场所精神的内在含义。

(a)运河书房外观

(b)运河书房入口

图 4-41　杭州运河书房

4.3.4　情感记忆要素

旧工业建筑再生利用应该体现出在时间与空间两个维度上的融合碰撞，时间上是历史与现实的碰撞，空间上是遗存的建筑与新材料、新技术的融合。在这个融合碰撞的过程中，充分挖掘其历史价值，用现代化的手法诠释历史记忆，才是对某一特定时期的城市工业发展最真实的情感记录。

对于工业构筑物来说，原有的建筑材料、粗犷的建筑饰面、遗存的建筑设备等都是构成情境的重要元素，使其有了别具一格的情怀。工业构筑物再生利用时应该从其营造的特殊环境气氛入手，尊重原有的空间逻辑，在不失原真性的基础上塑造与之相符的建筑特质和环境气氛，使其改造后具有相似的工业气息与文化内核。同样，对于遗弃的建筑构件、建筑设备等，可以充分利用其特点来填补建筑在情感上的缺失，在降低改造成本的同时，可以延续工业建筑的文脉，体现独特的工业美感和别具匠心的建筑师情怀。

4.4　典型项目

4.4.1　上海油罐艺术中心

1. 项目概况

上海油罐艺术中心位于上海西岸，毗邻黄浦江，是曾经服务于上海龙华机场的一组废弃航油罐。上海龙华机场是中国民航的发源地之一，也是中国运营时间较长的机场之一(图 4-42)。历经百年的上海龙华机场不仅见证了中国航空业的发展，更见证了时代的变迁，是中国航空百年发展的缩影。经过六年的时间，油罐建筑群重获新生，再生利用为一个综合性的艺术中心。上海油罐艺术中心是一家非营利艺术机构，通过当代艺术展览、活动，公众可以亲近感受艺术、建筑、城市、自然和出色的黄浦江景观。

(a)上海龙华机场旧址(一)

(b)上海龙华机场旧址(二)

图 4-42　上海龙华机场

2. 再生过程

1)超级地面

上海油罐艺术中心是集合各式各样的展览空间、公园绿地、广场、书店、教育中心、咖啡厅等功能于一体的艺术中心，如图 4-43 所示。五个独立的油罐由覆土绿化的新地形——Z 字形“超级地面”(super-surface)连接起来，如图 4-44 所示。1、2 号油罐全部位于超级地面之上；3～5 号油罐则有 1/2 位于超级地面之下，三个油罐之间形成开阔的半地下公共空间，如图 4-45 所示。公共空间吊顶的大量天窗则引入来自超级地面之上的自然光，一个高低起伏的公园呈现着四时不同的景观，如图 4-46 所示。

图 4-43　上海油罐艺术中心俯瞰图

图 4-44　超级地面

2)城市广场

沿着逐层下降的阶梯水景，人们将进入城市广场(图 4-47、图 4-48)，凉爽的喷雾使得其成为夏季最受欢迎的乐园，而喷雾的平面形态呼应着被拆除的一个油罐。贯穿基地南侧的是一大片都市森林，在城市中引入自然的回归；东侧为一片开阔的草坪广场，它提供给人们奔跑、休憩的空间，也可以成为室外音乐节等大型活动的观众席。

图 4-45　超级地面之下的开放空间

图 4-46　超级地面上方起伏的公园

图 4-47　阶梯水景

图 4-48　城市广场平台

3）油罐

五个油罐分别被设计为一个音乐表演空间、一个餐厅和三个各具特色的展览空间。油罐原有的结构给设计和施工带来了极大的挑战，设计师在置入丰富功能的同时最大限度地保留了油罐原始的美感。图 4-49～图 4-51 为油罐建筑群平面图及改造前的实景。

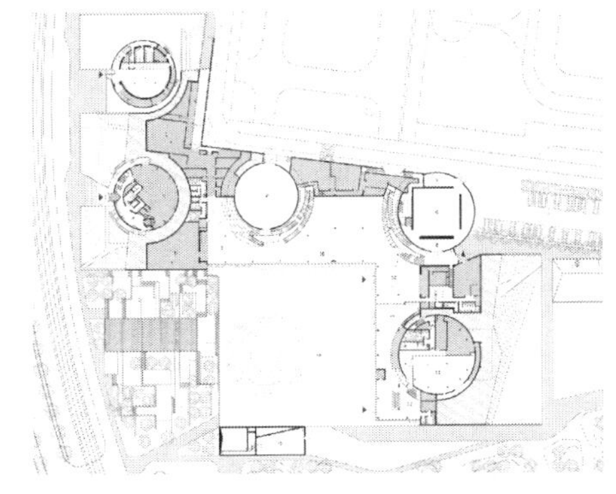

图 4-49　上海油罐艺术中心首层平面图

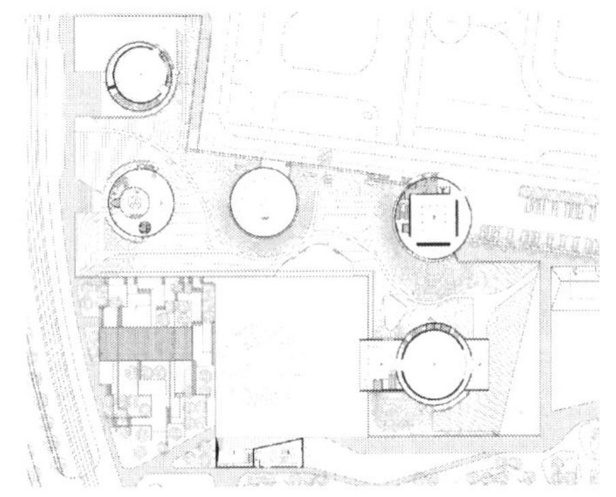

图 4-50　上海油罐艺术中心二层平面图

图 4-51　改造前的油罐建筑群

1 号、2 号油罐是独立的展示空间，分别拥有独立的出入口，为上海油罐艺术中心举办多个平行展览提供了可能，如图 4-52、图 4-53 所示。1 号油罐被规划为两层高的 Live-house，有一个向外凸出的圆形入口，内部置入鼓形内胆构成了一个“罐中之罐”，来围合出一个声学性能适合演出的场所。2 号油罐被设计为餐厅，与 1 号油罐相邻，同样有着一个面朝龙腾大道的圆形管道状入口。沿着如隧道般的入口拾级而上，经过罐内的一段旋转楼梯之后，最终参观者会发现自己置身于一处圆形的户外庭院中。

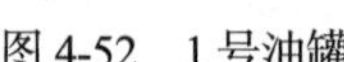

图 4-52　1 号油罐

图 4-53　2 号油罐

3～5 号油罐通过超级地面所覆盖的巨大内部空间连接。从城市标高角度来说，内部空间隶属于地下室范畴的空间，通过面向主广场的玻璃幕墙和圆形天窗来满足自然采光的需求。作为结构支撑的混凝土圆柱并不完全均匀布置，而是不断协调着规则柱网和油罐的圆形平面之间的几何变化，甚至局部的某两根柱子构成了如树干般的 V 字状。3 号油罐的内部空间被完整保留，为大型的艺术、装置作品提供了一个拥有穹顶的展览空间，仅在顶部装有一扇可开启的天窗，在需要的时候引入自然光甚至雨水(图 4-54、图 4-55)。

4 号油罐内部置入一个立方体并分为三层，成为适合架上作品装挂的、相对传统的美术馆(图 4-56)。在 4 号油罐的周围，倾斜的白色钢栏板伴随着环形坡道的上升而不断地升高。随着坡道和护栏的抬升，天花板也缓缓隆起，直至一圈漫射的天光将其和油罐表面分离开来。事实上无论坡道还是围绕油罐的天光设置，均来自对限制条件的巧妙利用。

5 号油罐做了体型上的加法，一个长方体体量穿越罐体而过，形成两个分别面向城市广场和草坪广场的室外舞台。罐体只新增了一些圆形、胶囊形的舷窗和开洞，保持了工业痕迹和原始的美感，同时给罐内营造了朝向公园和黄浦江的优美框景(图 4-57)。

图 4-54　通往 3 号油罐的坡道

图 4-55　3 号油罐内部

图 4-56　4 号油罐的画廊空间

图 4-57　5 号油罐入口

3. 再生效果

上海油罐艺术中心面向下沉城市广场的主入口玻璃门，也可如歌华营地体验中心的舞台折叠门一般全部开启，使艺术空间和城市空间融为一体。即便在地表之下的内部空间，依然在空间和视线上与城市公共空间有着多重的互动。超级地面和 2 号油罐的观景平台对市民完全开放。在 3～5 号油罐周围，随着环绕油罐的坡道盘旋上升，室内天花板也逐渐隆起，由此产生了地表之上的起伏地形。这一上与下之间几何关系的联动被由满足结构需求而产生的环形天窗进一步视觉化。重构地表，一方面使一座开放的城市公园得以实现，另一方面通过剖面的联动将上和下、公众和艺术中心连接为一体。上海油罐艺术中心的外景如图 4-58～图 4-61 所示。

4.4.2　上海民生码头·八万吨筒仓艺术中心

1. 项目概况

上海民生码头建于光绪三十四年，位于黄浦江下游南岸，地属上海市浦东新区之内黄

图 4-58　5 号油罐面向黄浦江的开口

图 4-59　项目空间

图 4-60　临江水池

图 4-61　上海油罐艺术中心停车场

浦码头的对岸。民生码头以西侧的民生路、东侧的洋泾港、南侧的滨江大道南岸为界，滨江岸线总长约 740m，是当时亚洲最大最先进的码头之一，旧称英商蓝烟囱码头。在建成后的很长一段时间内，一直服务于上海市的粮食储存运输工作(图 4-62、图 4-63)。

图 4-62　上海民生码头改造前

图 4-63　上海民生码头八万吨筒仓与四万吨筒仓

2. 再生过程

1) 入口的处理

在原有筒仓上直接设置主入口的方式不容易在视觉上给观展者以引导作用，对于民生码头八万吨筒仓的入口改造，选择在原有建筑形体上依附一个小的体量，使得原有建筑体量产生细微变化，从而在北侧与西侧形成两个主要的入口，在入口的朝向与位置上与黄浦江建立了清晰、密切的联系。

依附于工作塔的突出体量与筒仓的曲面墙体在建筑北侧形成凹陷感，使得建筑在面向黄浦江一侧形成强烈的洞口灰空间，再加上北侧传动带下柱廊的空间序列，空间由室外自然过渡到室内，营造出自然的入口空间感，在视觉效果上产生一种强烈的心理暗示与视觉引导，将观展者自然地引入建筑；在建筑西侧面对广场的界面上，设计师在新增体量的平整、简洁立面上直接设置入口，使得西侧入口在广阔的广场与平整界面上格外醒目，给人以直接的视觉冲击与跨径指引，并且西入口的位置在偏北一侧。图 4-64 是民生码头八万吨筒仓的入口。

(a) 北入口

(b) 西入口

图 4-64　民生码头八万吨筒仓入口

2) 景观悬挑扶梯通廊

悬挑扶梯通廊设置在建筑筒体部分的北侧，由悬挑通廊和逐层上升的悬挑自动扶梯两部分构成。这两部分一静一动，在北向给人创造了不同的观赏黄浦江的空间条件，静态的通廊部分产生的是一种水平向展开的长卷；动态的自动扶梯部分创造的是一种匀速状态下的步移景异，很好地实现了筒仓北侧与黄浦江景观的衔接(图 4-65)。南向则提供了一个近

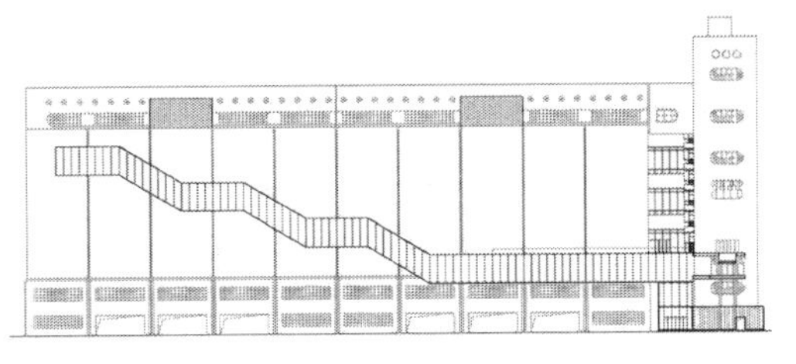

(a) 北立面图

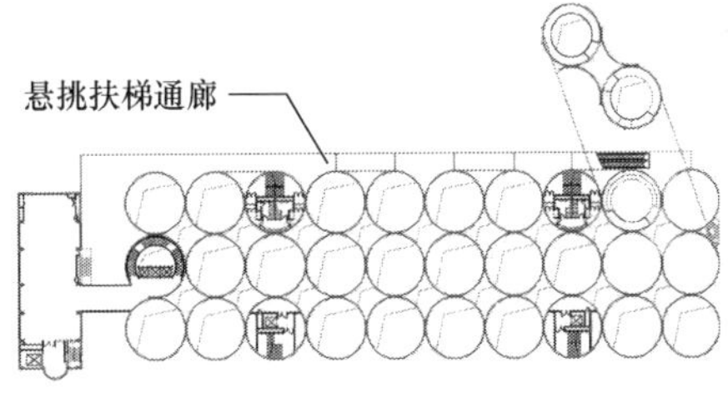

(b) 平面图

图 4-65　悬挑扶梯通廊示意图

距离接触筒壁与漏斗的公共空间，使人置身在一个当下语境的空间里来近距离品味和感受历史的温度，为封闭的筒仓建筑空间创造了其在当下作为公共文化空间所必备的开放性与公共性。

3）垂直交通

筒上层位于约 40 m 的高处，展厅规模超过 3000m²，因此安全疏散变得格外重要。设计师巧妙地在 30 个筒仓中对称均匀地选择了 5 个作为垂直的竖向交通筒，既充分利用了筒仓空间，又解决了竖向的安全疏散问题。由于竖向的交通空间被设置在筒仓内，因此没有附加的形体体量对筒仓部分的空间感觉产生影响，很好地保持了筒仓部分的原有空间品质。

5 个竖向交通筒中，4 个作为疏散交通筒，1 个作为观展的主要竖向交通流线。观展竖向交通流线紧贴筒仓内壁的螺旋楼梯，螺旋楼梯从一层盘旋至顶层，电梯为钢框架玻璃界面，尽可能减少行人在沿楼梯上升的过程中在筒仓空间内的视觉体验。设计师还在筒仓与工作塔之间加设楼梯以连接筒仓各层空间与工作塔，进一步强化筒仓空间与工作塔之间的关系，为之后的空间利用创造必要的联系。

4）螺旋坡道

"云梯"直接连接三层到六层（筒仓顶端），设计师在六层利用 2 个筒仓的顶端进行夹层处理，并在两个夹层空间中设置 2 个螺旋坡道空间，如图 4-66、图 4-67 所示，这 2 个空间成为"云梯"空间与筒上层之间的自然过渡，螺旋形的坡道不仅强化了人在筒仓空间中的体验，给人近距离接触筒仓的可能，更重要的是，坡道的连贯性将人们从"云梯"空间自然导入顶层的展览空间，使观展者在云梯处获得的观看滨江景观的体验得以延续至顶层展厅。同时这两个螺旋坡道中间的中庭空间也成为独具特色的展览空间，如《仓声·品》展览，由清华大学美术学院的苏丹教授作为参展人之一，与知名作曲家张荐、艺术家王宁一起完成了空间声音艺术装置作品的设计与制作。

图 4-66　螺旋坡道空间

图 4-67　《仓声·品》展览

3. 再生效果

随着黄浦江两岸的滨江贯通与公共空间的更新发展，滨江工业遗产将被更多地关注与更新利用，在艺术文化活动激发下的改造，必定是此类建筑进行更新改造的新的尝试。

图 4-68～图 4-73 是民生码头八万吨筒仓再生后的效果。

图 4-68　八万吨筒仓艺术中心外景

图 4-69　八万吨筒仓与滨江

图 4-70　内景(一)

图 4-71　内景(二)

图 4-72　展览

图 4-73　滨江的景观小品

4.4.3　昆明 871 · 旧工业栈桥再生利用

1. 项目概况

昆明 871 文化创意工场的前身是有着 60 多年历史的昆明重工，占地面积约 $5.8\times10^5m^2$

(871 亩)，建筑面积约 $1.5\times10^5\text{m}^2$，现有重型工业厂房 25 栋，结构完整，立面完好，极具保护利用价值。项目在不改变原重工地块工业用地性质及权属的情况下，最大限度地保护原有场地和厂房的独特历史风貌，通过适当完善基础设施、改造外部环境、重塑内部结构，利用老旧厂房所体现的历史文脉和特色，建设国内一流、国际知名的文化创意产业园区。项目充分尊重企业原有的历史文脉及工业特质，建立“互联网+创意+工业+生态+民族+旅游”的综合发展模式，共设置未来主题区、当代主题区、多元交流区、怀旧主题区四个主题片区，将项目打造成文化创意产业园区综合体，如图 4-74 所示。

(a) 871 园区入口

(b) 园区内景

图 4-74　871 文化创意工场

2. 再生过程

栈桥是 871 园区内一处重要的工业建筑，规划设计时保留了质量较好的建筑结构和材料，在尊重现状的基础上对其进行改造设计。燃气站平面图如图 4-75 所示。

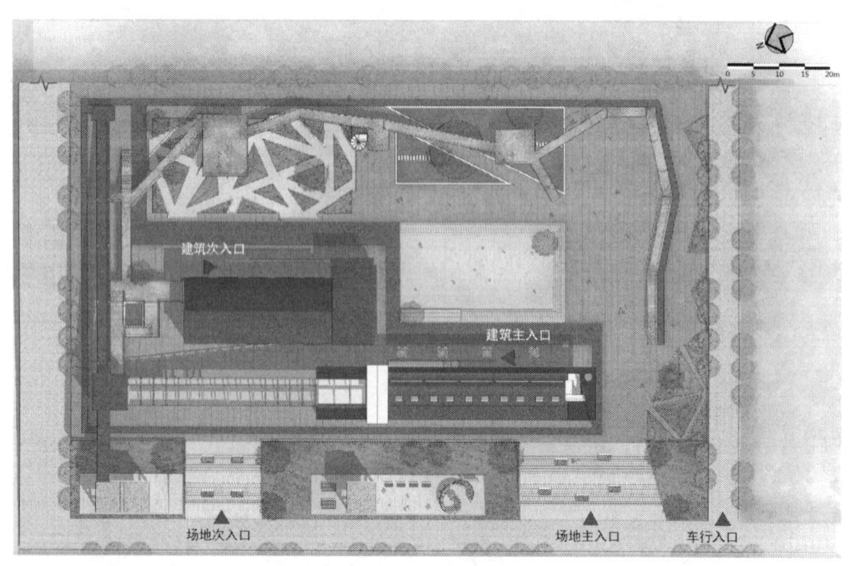

图 4-75　燃气站平面图

燃气站的现状如下，共有 2 栋既有工业建筑、2 条栈桥及其他构筑物设施，建筑现状如图 4-76、图 4-77 所示。整体的再生设计思路是，保留既有建构筑物的肌理和布局，增加运动健身廊道和景观廊架，同时利用现有空地将其改造成为水池和园林景观小空间，将既有构筑物改造成为服务儿童的娱乐设施。

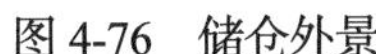
图 4-76　储仓外景

图 4-77　工业建筑和栈桥

(1)空间再生。再生后的空间划分为五层。一层主要由设备用房、储藏室、前台、餐饮、零售区组成。基地共设有 2 个场地入口，建筑共设有 4 个出入口，如图 4-78 所示。两栋建筑围合的聚集空间形成下沉广场，与之相对的是亲水平台和架空廊道。室内外空间形成良好的视线关系和呼应关系。二层主要由小会议室、报告厅、展厅、咖啡厅组成。通过旧栈桥改造后的室外通廊连接两栋主体建筑，如图 4-79 所示。三层主要由艺术家工作室、展厅、办公室组成。建筑空间组织丰富，通过通高空间的手法，展现再生建筑的灵活性，

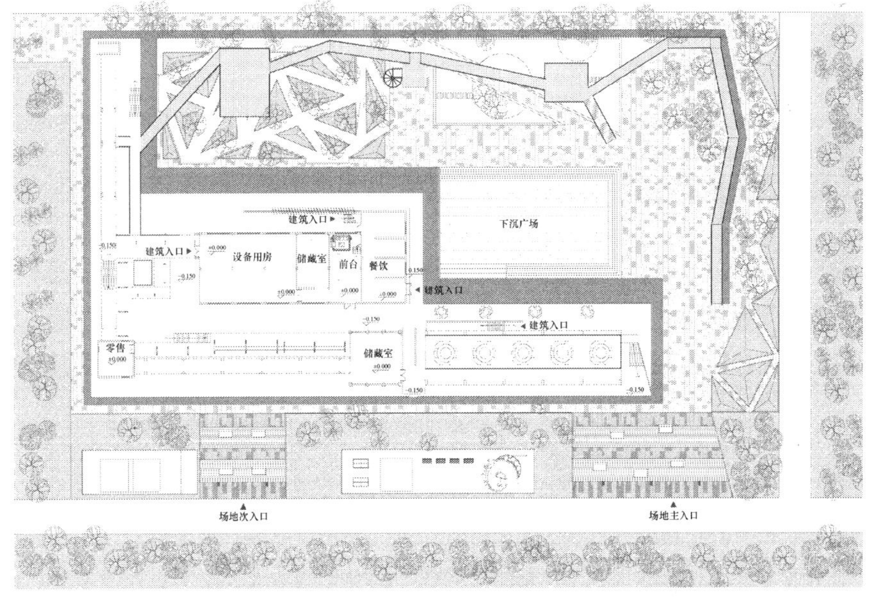

图 4-78　一层平面图

如图 4-80 所示。四层主要由展厅、办公室组成，通过办公室可以沿栈桥通往展厅。五层主要由展厅和室外平台组成，展厅与室外平台相连。

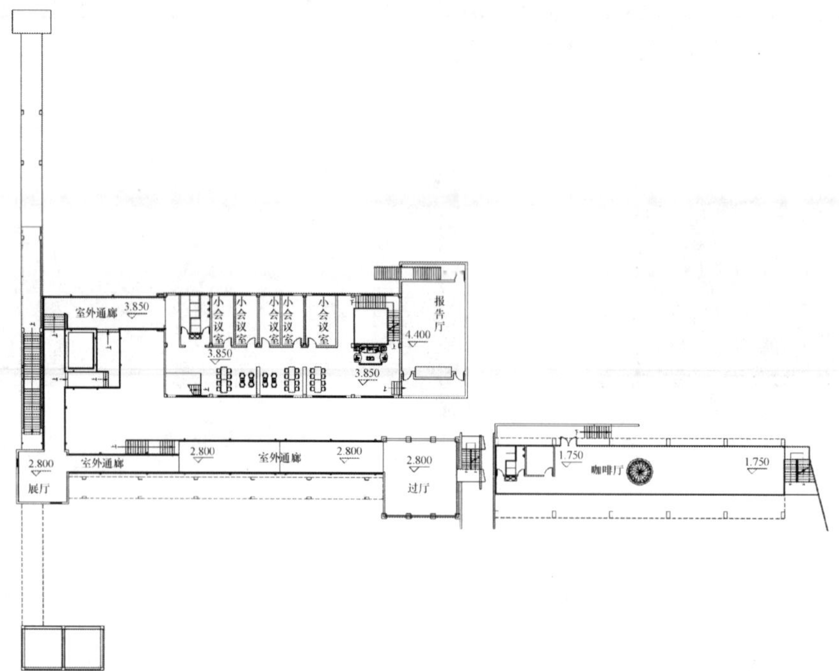

图 4-79　二层平面图

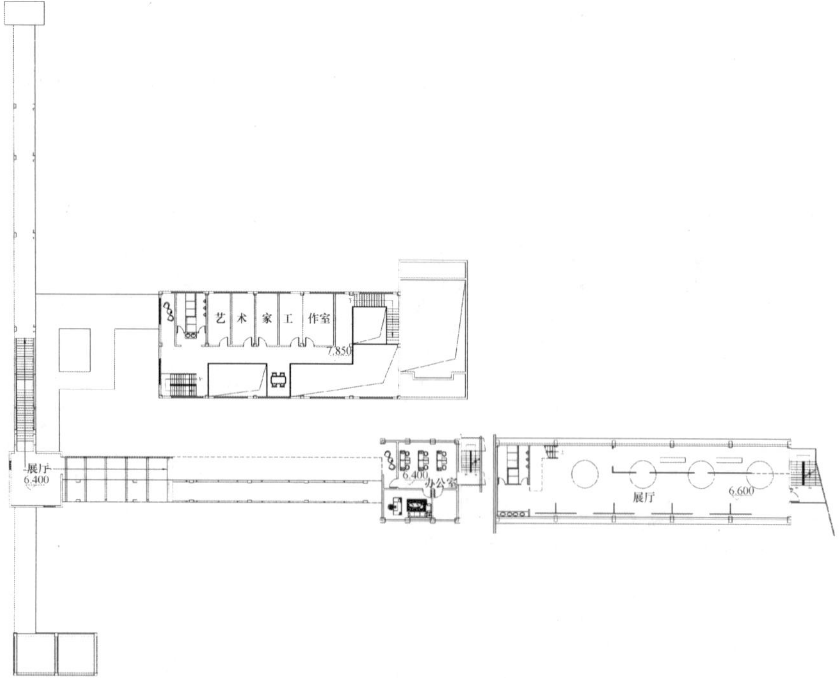

图 4-80　三层平面图

(2) 立面再生。立面再生过程中，对已经老旧的立面进行了修复，主要通过增加新材料、新结构、新空间等新元素的手法，为旧工业建筑增加新的生命力，赋予其新的活力。通过调整开窗大小、立面材质等元素，保持旧工业建筑的基本色调和整体氛围，以砖红色为主色调，加入灰色混凝土新材质，风貌协调统一又不失新时代特色，如图 4-81 所示。

(a) 燃气站北立面

(b) 燃气站西立面

图 4-81　燃气站立面效果图

3. 再生效果

(1) 建筑窗户装饰。在立面上外包一层金属穿孔板，使立面风格更加鲜明、统一，同时不影响采光，且富有光影变化，如图 4-82 所示。

(a) 改造前

(b) 改造后

图 4-82　立面再生效果

(2) 工业设施美化。将燃气站内部主体结构通过玻璃围合起来形成展览空间，对结构进行展览的同时加以保护，如图 4-83 所示。

(3) 设施美化再生。对储仓主体结构外部风貌进行调整，突出其在燃气站中的识别度，形成特色构筑物，如图 4-84 所示。

(4) 栈桥维护美化。将工业栈桥主体结构进行恢复性修建，使其重新焕发工业活力，唤醒生产记忆，如图 4-85 所示。

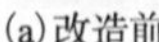

(a) 改造前

(b) 改造后

图 4-83　内景再生效果

(a) 改造前

(b) 改造后

图 4-84　储仓再生效果

(a) 改造前

(b) 改造后

图 4-85　栈桥再生效果

(5) 活动空间创新。在栈桥下部加入直跑楼梯，与之前栈桥的功能形成联系，在打造特色空间的同时唤醒空间记忆，如图 4-86 所示。

燃气站主体建筑保存较好，主要通过新旧共存的手法对建筑和场地进行更新改造，尊

(a)改造前

(b)改造后

图 4-86　栈桥下部再生效果

重燃气站的特殊性构造和空间秩序，同时加入了新的元素，改造后更加适宜普通大众进行休闲娱乐。再生效果如图 4-87～图 4-89 所示。

图 4-87　旧工业栈桥及园区整体再生效果

图 4-88　园区整体再生效果

图 4-89　栈桥整体再生效果

思 考 题

4-1 请简述工业构筑物的概念。

4-2 请简述工业构筑物的主要分类。

4-3 请简述工业构筑物再生利用的基本内涵。

4-4 请简述工业构筑物再生利用的主要特征。

4-5 请列举国内工业构筑物再生利用项目的常见类型及典型项目。

4-6 请简述工业构筑物再生利用的基本原则。

4-7 请简述空间结构再生策略的主要内容。

4-8 请简述建筑立面再生策略的主要内容。

4-9 请简述工业构筑物再生利用的关键要点。

4-10 请列举并介绍您所熟知的工业构筑物再生利用项目。

参考答案-4

第 5 章　其他工程再生利用现状分析

5.1　基 本 内 涵

5.1.1　基本概念

1. 其他工程

其他工程是指除民用建筑、工业建筑、工业构筑物以外的工程实体，即建造在地上或地下、陆上，直接或间接为人类生活、生产、军事、科研服务的各种工程设施，如道路、隧道、桥梁、运河、堤坝、港口、机场以及防护工程等。

2. 其他工程再生利用

其他工程再生利用是指针对已经废弃或闲置的其他工程实体，虽然其已不再满足生产生活的需求，但是工程本身具有一定的使用价值，通过技术手段，对其进行修复、翻新或加固等，使其具备新的使用功能，如图 5-1 所示。

(a)港区及码头工程

(b)军工及人防工程

(c)道路及桥梁工程

图 5-1　其他工程再生利用

5.1.2　发展现状

其他工程再生利用的蓬勃发展与现代生活水平的提升不可分割，物质需求的满足使得人们的精神需求也随之提升。完成原建筑功能的其他工程承载了人们对现代生活和历史文化的情怀与向往，但其空间形式与现代城市生活的新特性格格不入，如建筑功能缺失、缺少人文关怀等问题。对其进行再生利用时，应注重城市居民的使用体验和感受，促进其他工程的可持续发展。

全国范围内港区及码头工程、军工及人防工程、道路及桥梁工程的再生利用正在积极进行，成为其他工程发展的一种整体趋势。

1)港区及码头工程再生利用成果

中华人民共和国成立后，中国的现代港口建设与布局因注入了新动能而获得重生。开港以来，由于对外贸易增加，原有的港口泊位已不能满足工业生产和大型船舶的需要，上海、广州、天津、大连、青岛等城市纷纷建设深水港。近年来，大型活动的举办为城市滨水区的发展提供了机遇，也有一些临港工业区以此为契机成功转型，如上海的黄浦江沿岸、青岛浮山湾等。此外，我国对于目前国际上关注的运河遗产、海上丝绸之路等文化景观线路类遗产的研究也已初步展开。

1992 年，上海率先启动黄浦江沿岸改造工程。从杨浦大桥至南浦大桥间总长 8.7km 区域内的原 62 座港口码头逐步具备娱乐、休闲、购物等功能。2010 年，上海世界博览会前夕，对黄浦江两岸江南造船厂、上海钢铁三厂、南市发电厂等现代滨江大型工业建筑进行了改造，为该地区注入新活力，如图 5-2 所示；1994 年以来，广州市人民政府对旧港岸线进行整顿，将太古仓码头成功改造为具有展览、餐饮、休闲功能的活力空间；2002 年，青岛计划将吞吐量转移到新港区，对老港区进行改造，使其具备旅游和内贸集装箱的功能。此外，天津、宁波等沿海城市已经开始规划港口工业区。总体而言，我国在港口工业遗产保护的研究和实践方面取得了一些成果。

(a) 2009 年上海外滩改造前

(b) 2010 年上海外滩改造后

图 5-2　上海外滩再生利用

2) 军工及人防工程再生利用成果

为适应经济发展和城市规划建设的需要，曾经单纯以防空为主的军防工程，已转变为以抗灾救灾为主的民防工程。

20 世纪 60～70 年代，人防工程以备战为主，在组织上采用“群众路线”，在技术上以“民创”为主，导致缺乏整体规划与设计，建筑功能单一，整体布局脱离城市建设要求，人防工程占地下建筑总数的 1/2 以上。改革开放后，各领域的工作重心逐渐向经济建设转移，在国防领域和 20 世纪 80 年代初期，早期的人民国防工程以平战结合的形式进行了组合复用，并通过建设新的人防工程，展示了人防工程的经济效益，同时寻求开辟新的社会效益。20 世纪 80 年代后期，随着经济建设的飞速发展，高层与超高层建筑林立在全国各大中型城市。地下工程、地下人行道、地下商场等地下空间建筑大量建设，人防工程建设逐步走上与城市建设相结合的道路。尤其在经济发达的地区和城市，繁华的商业地段成为地下空间开发的热点，人防工程再生利用的规划设计被纳入城市地下空间综合利用中。

北京市万寿公园教育基地由民防工程改造而来，建成于 2013 年，如图 5-3 所示。20 世纪 60～70 年代，中国城镇建设了许多以防空洞和隧道为中心的早期民防工程。随着时间的推移，人防工程对城市发展的影响越来越大，应协调好人防与城市建设的关系，充分合理利用人防工程，使其融入城市建设，防灾减灾、为民服务是城市现代化建设的重要课题。近年来，我国很多城镇和地区把民防工程改建成公益性项目。例如，北京市西城区近几年先后将 164 处人防工程改建为便民车库，为辖区内居民提供了 2 万个停车位；此外，中心城区的民防工程也被改造成文化活动场所，为居民提供文化活动和课程培训场地；同时，区民防部门将配合辖区街道社区，将社区内的部分民防工程再利用为应急物资储备库和民防教育中心，向居民宣传普及防灾救灾知识，使民防工程真正惠及于民。

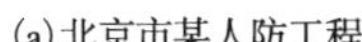

(a)北京市某人防工程

(b)北京市万寿公园教育基地

图 5-3　人防工程再生利用

3）道路及桥梁工程再生利用成果

近年来，公共交通不断发展与进步，道路交通系统不断完善。地铁线路的建设和高架桥等一系列公共交通系统的建立与完善使得国内由人口增长压力带来的交通堵塞状况有所缓解。城市中立交桥网络的建设与完善使得城市的交通空间得以纵向延伸，提升了城市的地面交通效率，增强了车辆流动性，随之而来的桥下空间也成为城市居民可以合理利用的活动场所。

纵观现如今城市高架桥下空间的利用现状，目前城市高架桥下空间的利用率较低，城市中高架桥下空间也时有荒废。在再生利用方面，国内大多数高架桥下空间的利用方式也往往停留在初级阶段。以往在利用高架桥下空间时，常见的做法是增大城市绿化面积，即将城市绿化扩大到高架桥下方的空间。随着城市的发展，我国一些城市正在考虑在高架桥下开发停车场，建设公共游乐设施，安装公共服务设施。当然，伴随这些用途，我们已经朝着城市高架桥下空间的高级利用迈出了一步。但我国城市高架桥下空间的利用总体上还处于初级阶段，未来的发展空间和潜力很大。

天津市河北区桥下空间将按照天津市人民政府“一桥一景，因桥制宜”的要求进行综合管理。天津盐坨公园是该区域的代表项目，其北至榆关道、东至铁东路、西至现状铁路线、南至快速志成路区域辅路，占地约为 $2.8\times10^5m^2$，如图 5-4 所示。盐坨公园依托于当地桥下空间而建立，从规划初期就包含了三大设计要求：融入文化主题特色、城市生态建设

(a)全景

(b)桥下景观

(c)院内景观

(d)园内景观

图 5-4 天津盐坨公园

及以人为本的设计。园区整体按照这三大设计要求进行规划设计。最终在园区内形成了以文化主题展示区域、居民活动广场、健身娱乐设施、儿童活动区、景观绿化设计区、景观廊架六大主题为主的多个规划子项。在设计的实际应用中，天津盐坨公园充分融合了地方文化的主题。设计以当地盐业发展在城市发展过程中形成的盐文化为主题，在原有桥柱体表面设计了关于盐文化的浮雕，并在相应的桥下区域设置了融入当地区域文化与价值理念的中式园林景观设计，试图满足其在文化层面上的设计与传承。

5.2 再生策略

5.2.1 港区及码头工程再生利用策略

港区及码头工程的再生利用涉及客运码头的通行能力、码头海洋生态环境发展、提升城市经济和延续历史文脉等重要因素。首先，大连港客运码头是连接城市和国际交流的重要纽带之一，其能力建设和持续提升对全市乃至全国的经济社会发展都将产生积极影响。因此，通行能力在大连老港工业区客运站功能、形态和结构的重构过程中起着非常重要的作用。其次，随着经济的快速发展，人们的活动逐渐从陆地向海洋蔓延，对海洋环境产生了很大的影响。这些影响将危害海洋动植物的生长，破坏海洋生态系统，威胁人类健康，扰乱海洋生态系统的食物链，甚至破坏整个生态系统的平衡。人类活动造成的海洋污染种类繁多，海运是造成海洋污染的重要原因之一。随着中国进一步对外开放，国际贸易规模越来越大。海运在外贸运输中的占比巨大，因此，对港区及码头工程进行再生利用能够大力改善码头周边的生态环境。最后，港区及码头的再生利用能够提升城市与港区的经济和社会价值，同时能够挖掘历史文化，保留城市文脉。基于此，归纳出以下几种常见的港区及码头的再生利用模式。

1）港区功能多样化更新模式

港口城市功能多元化和产业结构调整的模式起源于 20 世纪初。当时的港口城市大多分为工业区、城市居住区和商业区。这种结构的存在是由于 CIAM 明确规定现代城市必须将住宅区和工业/商业区分开，这种结构对于这个时代工业的快速发展是合理适用的。随着互联网的发展和社会结构的变化，传统模式对第三产业的发展和城市的更新有一定的限制，不再广泛适用。为解决这一系列矛盾，Jane Jacobs 等学者提出了港区功能多元化和产业结构调整更新模式，要求建筑、环境和人文元素的综合结合。在这一理论的指导下，城市老港区形成了功能多样化更新模式，在实践中也为城市带来了更多的效益。

此外，正如美国巴尔的摩内港改造案例一样，原港区客运码头功能多元化和产业重组的案例越来越多，实现了城市更新、功能、资源、架构的集合。从理论到实践，现阶段这种模式已经发展得十分成熟，并且随着城市多元化发展，这一模式仍然在被不断地完善与升华。尤其是目前国内外都在强调这一模式在滨水城市改造中的应用。

老港区改造中功能多元化、产业结构调整的格局具有一定的普适性和适应性。在老港区再生利用案例中，功能多样性可以使老港区的原有功能得到二次开发和再利用。产业重组不仅丰富了老港区的发展需求，而且满足了老港区的实际需求，赋予了老港区码头新的形象和功能。该模式通过其丰富的活动空间与优美的环境吸引了不同类型的人群进行交互，在建筑功能和产业构成中显示出卓越的优势。

产业结构改革模式功能的多样性、普遍性和适应性可以通过多种方式来表达。实际上，这种模式并没有限制或在空间上影响老港区的原有功能。它让改建工程形成了一个中心区域，并呈放射状向周边地区蔓延。此外，其功能的多元化具有诸多优势，例如，形成以零售为导向的直接的、有吸引力的商业环节，直接提升老港区的经济效益；或者以办公室作为建筑的主要组成部分，能够带来多种就业机会并缓解社会经济压力，改善和丰富了城市生活质量。

2）港区形态统一化更新模式

随着社会的不断发展，城市居民对城市的依赖程度逐渐加深，实际需求也在不断细化。更丰富的元素和形态在城市的进一步发展中受到关注。城市形态是城市空间发展中较为生动的特征，是城市深层结构和发展规律的表现形式，也是不可忽视的城市更新版块。在老港区的再生利用中，形态统一化的更新模式同样也是显性的，它要求客运码头的改建与城市形态保持一致，尽可能地与城市风貌有机结合。这不仅增加了港区码头的发展机会，也给城市带来了诸多其他方面的积极效益。在这一发展和需求背景下，老港区码头依据城市空间形态的再生利用模式应运而生。该模式在现代城市中的应用较多，这是因为在后现代的发展过程中，人们逐渐认识到港区功能与产业需要形态统一化发展。

在具体实践中，这种模式既是城市肌理的特征，也是老港区形式元素的特征，还特别要求港口城市形成统一且协调一致的形态。中国的老港区往往与城市有较大的色差，应用这种模式能够妥善解决这个问题。这种模式强调老港区和市区之间统一感的塑造，使两个区域的颜色有所区分但又不至于混淆。同时，这种模式也追求在功能分区的前提下对传统港口的形态进行创新。也就是说，每个区域都有自己的颜色，每种颜色表达不同的功能。例如，商业区域色彩显眼，住宅区域色彩柔和，工业领域则选用稳定与厚重的色彩。在日本横滨沿用了这种模式，通过特殊的色彩文化和设计理念来进行再生利用并使老港区得以发展。

以空间一致的发展模式进行老港区改造和城市更新，在实际应用中强调港口与城市发展之间的结构连贯性与和谐性。因此，功能、产业和空间的布置具有十分明显的适应性。从港城一体化的角度来看，这种模式对港区与城市的关系产生了很大的影响。它不仅能够制约两者之间的生产机制，而且对新形势下老港区的改造与城市更新具有相互促进的作用。

3）港区生态环保及可持续发展模式

可持续发展模式的出现反映了人们生态环境保护意识的日益增强，将这一理念运用到城市老港区再生利用中，仍然需要进一步的探索与分析研究。老港区的更新改造往往涉及功能、产业等要素，在分析这些要素的同时，也引起了人们对老港区工业污染及其衰落带来的各种社会问题的关注。由于对回归自然的渴望和向往，公众对于老港区再生利用中生态因素的要求也随之提高。为此，需要寻求一种新的模式，既能满足城市更新过程对老港区的规划要求，又能满足公众对老港区生态环境提升的期望。这样一来，这种包含着生态环境保护的老港区可持续发展的模式诞生了。该模式在世界范围内的老港区改造中频频出现，得到了人们的广泛认可和应用。

可持续发展模式作为一个广义的模式，有着极大的范畴。无论城市更新还是城市老港区的改造，作为这个范畴的有机组成部分，都对这个模式具有一定的适应性。伴随着可持续发展理念的深入人心，这种模式为老港区的再生利用提供了一个良好友善的模式。面对老港区更新的种种问题，可持续发展模式从根本上解决了发展与保护、经济与环境之间的矛盾。面对新形势下城市的更新，我国老港区改造也在如火如荼地进行着。可持续发展模式同样适应我国的整体环境，将其应用于老港区及码头的再生利用有深远的意义。

5.2.2 军工及人防工程再生利用策略

军工及人防项目与地上工程项目具有显著差异，如封闭性和内向性，且兼顾平战结合功能，因而其再生利用策略与地上工程项目不同。主要的再生策略有以下三类：与地下停车位相结合、与地下通行系统相结合、与地下商业街或商场相结合。

1）与地下停车位相结合

现代城市发展计划需要改善城市的整体风貌。将地下空间作为战时的人防工程和平时的停车场，能实现“人在地上、车在地下”的良好目标，并实现区域化的停车系统网络。停车系统空间结构的特点限制了停车场的部分布局形态，可用的布局形态有网状、辐射状、环状和脊状。具体而言，停车行为主要取决于每个车辆使用单元的路网布局。因此，路网形态、城市布局等城市肌理决定了地下空间停车场系统的布局。表 5-1 主要反映了地下空间停车场布局的形态策略。

表 5-1 地下空间停车场布局的形态策略

形态	构成	案例	说明
网状	该形态由网状结构的城市布局所决定，以附属建设的车库为主，常常布置在地面道路下方	北京、天津、南京	与中心区已有车库进行连通，可以形成网状停车系统
辐射状	该形态需满足一定的地域形态和自然特征，且对可进入性的要求较高	伦敦的海德公园、上海的人民广场	在时空两个维度建立相互联系，通过与周边停车场相通形成辐射网络
环状	该形态利于地上地下的整体改造，便于整体路网的建成	完全新建型的新城区，如各城市开发区	根据现场实际情况形成若干个环状系统，或形成超大型的环状系统
脊状	该形态适用于主动取消路面两侧停车，主动吸引车辆进入地下空间	商业发达的步行街两侧	地下空间沿街道设置，地上空间行人，地下车库入口设在中心区外侧

通常情况下，人防工程都需要隔离每个保护单元系统，以防止在空袭期间造成重大损害。通过采取有效的分流措施，战时可以有效阻隔灾害发生，平时可以实现有效沟通。例如，堵大门、留小门等方式能够在面临中等以上空袭时保证人员的有效疏散，也能保证平时地下空间的经济效益。

如图 5-5 所示，利用地下停车场的交通和区位优势，战时将地下车库按照点状的方式连接起来，改为防空地下室，形成平战结合的人防工程碎片化体系。结构体系的设计和施工要根据建筑物的实际功能，结合设施的当地情况进行分析。由于人防工程占地较大，如果都将其放到地下三层会产生空置浪费，也会增加建造成本。实践中通常将平战结合的人防车库设置在地下一层或二层，便于出入口的设计和叠加建设，也便于战时转进疏散和平时出入使用。

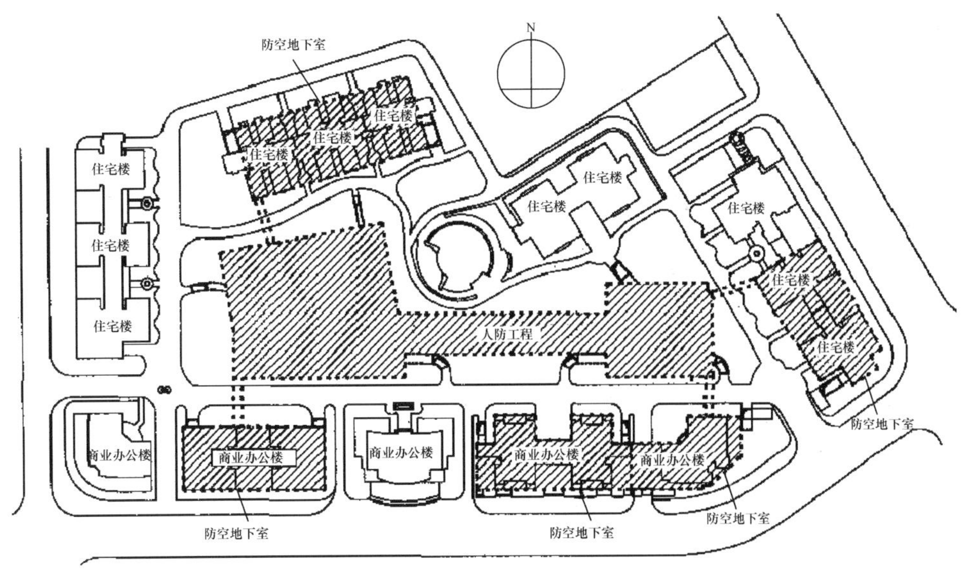

图 5-5 地下停车系统将人防工程连成片

在设计布置地下停车系统的出入口时，要根据使用状态的不同提前做好相关的考虑，尤其是战时和平时两种不同工况，如图 5-6 所示。在平时，要考虑进出入车辆数量、流量、与周围带路的衔接情况。在战时，容纳人数、防护等级、专用设备都需要纳入设计考量。

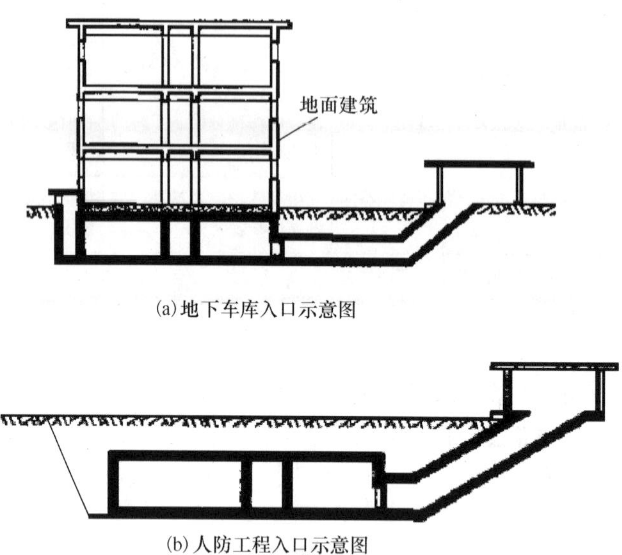

(a) 地下车库入口示意图

(b) 人防工程入口示意图

图 5-6　地下车库与人防工程相结合入口示意图

将平战结合的停车场通往地下空间时，主要掌握的要点如下。首先，地下车库至少有一个出入口。将其用作避难场所时确保至少有两个出入口。地下车库出入口位置应清晰可见，并在夜间有照明措施。其次，做好人车分流，不能有台阶和较大障碍或陡坡。人行道无明显障碍，台阶数目一般为 3～18 节，其宽度为 27～36cm，高度为 13～27cm。尤其对于车行道坡，坡度过陡既不安全也不便于行车，应尽量避免。再次，在人员出入口应考虑居民使用的实际情况设置电梯或楼梯，针对老弱病残孕人群，应设置无障碍通道或相应设施。最后，应设计紧急疏散出入口，既要保证战时的最大疏散速度，又要满足日常维护车辆的同行距离，如救护车和消防车等。

2) 与地下通行系统相结合

地下通道的设置主要是为了使人们舒适、方便地进入地铁和快速进入地上空间。针对这些特点，主要依托地铁、地下商场、过街通道，提出以下布局策略。

(1) 以地铁站为节点。通过借助地铁的发展机遇，地下通道设计应以人群流线为线索，串联地下商业设施、服务空间、地铁车站等，紧密连接地上建筑和地下空间。

(2) 专注于地下商业。经济是生产建设最直接、最有效的动力。将地下通行系统用于商业用途，不仅直接创造了服务业的就业机会，也间接促进了城市的经济发展。具体发展策略包括引入城市商业设施、加强地下人行道与道路交叉口的商业布局等，以形成较好的经济发展区域网络。

(3) 着重考虑方便快捷。地下通行系统的根本目的就是方便快捷通达。在地上空间能够满足需求的情况下，一般来说人们并不倾向于使用地下空间，例如，如果地上空间过街便捷，那么就不会优先考虑地下过街通道。只有在地上空间无法满足需求的情况下，才将商场地下走廊、过街通道连接而成的地下通行系统作为地上空间功能的补充。

(4) 满足经济适用。通常来说，基础设施完备的地下通行系统一般都在金融、服务、贸易中心。虽然其造价投入较高，但运营成本也能通过高额的营运收入找回来。例如，辽宁省几个著名的步行街集办公、娱乐、购物等功能于一体，并通过将各种地下、地面通道相连，形成系统。

另外，地下通道的出现一方面节省了地上空间，另一方面丰富了城市地下空间的布局。目前主要的布设位置为地下铁路的运营线交会口。地下通道的发展促进了城市经济的发展，加大了城市土地资源的集约化使用管理。其优异性主要体现在以下几个方面。

(1) 地下通道能够增加城市在人口与发展方面的容量。单体人防工程分别属于线状、点状连接，而地下空间通道将这些单体工程连接起来，则形成了地下网络，进而扩展成为地下区域。

(2) 地下通道能够增加城市韧性。地下通行系统将人防工程连接成区这一措施，在使用上增强了城市抵御自然灾害的能力，改善了城市中心区交通拥堵的状况，在提高城市中心区经济活力方面，能够发挥更优的经济、国防、民生效益。

(3) 结合地下通行系统将人防工程连成区，在维护管理和宜居方面，能够更加方便地统筹协调，利于降低平时的营运使用成本，更好地做好管理和维护。

3) 与地下商业街或商场相结合

人防地下商场的性能应满足平时最大可能地创造经济效益，繁荣经贸活动，而战时有较强的防护能力。按照国家人民防空办公室发布的《人防工程战术技术要求》，当人防地下商场需要转换为战时时，相应水电暖、通风照明等设施设备能够快速安装投入使用。战时需要封闭的大门、采光窗户、通风井道要能够及时紧闭。现实情况下却存在诸多矛盾问题。一是“重经济、轻战略”效益。主要表现是为了方便经营，通常门店或出入口的体量设计较大。战时封堵工程量较大，且地下空间取材不易，损害了战时的效益。二是压缩投资。主要表现是建设单位为了节省资金，虽然设计已经考虑了平战转换问题，也预留了设备安装位置，但这些设施设备并不能很好地体现出经济效益，未能如期安装，导致战时的战备效益受到损害。三是相关工程配套设施在战备方面的功能不完善。例如，没有设置单独的电源，一旦发生紧急情况，市政供电中断，而整个工程没有预备措施，就不能发挥应有的作用。四是单体设计面积过大，防护能力降低，不方便分割转换和战时使用。通过平战结合的策略研究，可以有效解决地下商场发展面临的矛盾。改造策略有如下几点。

(1) 平战结合的地下商场入口设计策略。

首先是解决地下商场使用空间和出入口的矛盾。临战时，需要在极短的时间内将商场转换成具有自我防护功能的封闭单元，但是商场平时使用时却需要敞开和通透。出入口的设计要调和两种状态下的矛盾，其有效途径就是采取迅速、安全、可靠的转换模式。往往采取安装人防大门的方式，日常使用时开启，临战时快速关闭，以便于满足战时的防护需要。按相关要求，人防工程防护单元面积应小于 800m^2，当兼作平时大型商场使用时，其出入口要满足平战迅速转换的要求。例如，沈阳市沈河区青年大街恒隆地下商场设置了 12 个防护单元，一旦战争空袭来临可以采取封堵大门、留设小门的方式满足防护要求。

(2) 与下沉式广场相衔接，做好人流量的吸引。

如前所述，为了加强对人流量的吸引，地下商场需要注重入口的设计。要保障地下商场的持续发展，就要做好人流量的吸引和管理。通过与下沉式广场的衔接，将有可能吸引许多潜在客户到附近的地下商场，并为居民提供配套的休闲空间。地下商场与下沉式广场建立垂直的交通联系，将招揽大量人流和顾客进入地下消费。这种方式也是由地上到地下的转换节点。此外，针对出入口还要进行标识强调，运用多跑折线楼梯等方式，使进入地下商场的人流不会产生地下空间的封闭感。所以，与下沉式广场衔接后，地下商场的效益能够有明显的提升，具有三个突出优势，见表 5-2。

表 5-2　与下沉式广场相结合的设计策略

做法	优势	运用
空间自然围合	利用围护结构进行采光通风，有效降低能耗	加强公共空间的绿色环保性
局部地面下沉	增强居民的心理安全	开发适合居民日常休憩的场所
地下与地上空间转换	丰富视觉体验，整体环境平面化处理	提升空间的层次感与趣味性

(3) 通风和水电设施的转换。

通常地下商场用作战时掩蔽所时，要考虑有毒气体进入产生的危害。常规的进风系统应进行通风的防护处理，平时使用时可以不安装防护系统，只预留相关的安装位置，例如，相应的洗消室在平时用作卫生间，在临战状态下要加装滤毒系统。此外，和平时期使用的风力、水力和电力系统也是如此，区分和平时期和战时，确保各个防护单元自给自足，战时不相交。图 5-7 展示了与地下商场相结合的再生策略。

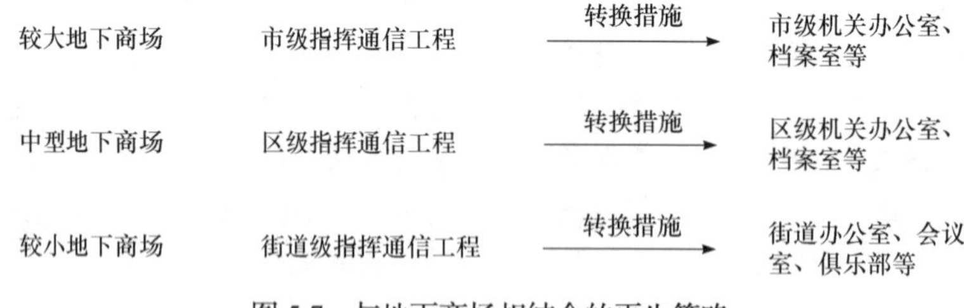

图 5-7　与地下商场相结合的再生策略

5.2.3　道路及桥梁工程再生利用策略

随着城市的不断发展和人口比例的增长，城市内的可用空间不断被压缩。如何在有效空间中高效利用独特的城市空间，如何更合理地利用城市空间，是一个具有持续生命力和研究价值的命题。高架桥下的空间是城市可利用空间的代表，是目前最易再生、最容易利用的空间。随着城市现代化进程的加快和进一步发展，人们往往会强调连通性，以满足居住在其中的人们的出行和生产生活需求。

作为城市公共空间的组成部分，城市高架桥下的空间具有公共空间的所有特征。要提高城市高架桥下公共空间的利用率，重要的是要考虑目标区域的局部限制，即使用环境的外围限制。不仅要了解目标区域周边一定范围内的交通状况、人流、房屋分布、公共设施分布等情况，还要了解当地居民的迫切需求。只有进行有意义的设计研究和明确的设计定位，高架桥下的空间再利用设计才有现实意义和实用价值。

总结国内外高架桥下空间利用的解决方案可以看出，目前普遍采用的城市高架桥下空间利用解决方案分为四个领域：视觉绘画展示、灯光艺术设计、基础设施添加、商业活动支持等。综合前期国内外高架桥下空间利用的现状，衍生出未来可以应用于高架桥下空间的公共设施创新设计的四大设计方向，分别为商业活动模块、体育及娱乐活动模块、市政基础设施模块、装饰扣板模块。

1) 商业活动模块

通过对国内外现有城市高架桥下空间改造项目的分析和研究发现，商业活动的方向目前在城市高架桥下空间的再利用和再设计研究中具有影响力，如图 5-8 所示。就目前的设计调查资料来看，对于国外已有的桥下空间，多数以建筑设计的手段来进行空间改造与空间再利用，这种建筑化手段的好处是可以让该地区的桥下空间具有明确的设计风格导向与辨识性，然而美中不足的是，传统的建筑化设计手法施工时间过长且不适合迅速推广。从商业化公共设施设计的角度来看，可以设想推广模块化设计方法来进行桥下通道空间的公共设施设计。这样，通过将模块设计技术与商业活动和公共设施设计相结合，可以促进设计的传播和大规模生产。在高架桥下这种有空间限定的设计条件下，将各种商铺进行功能模块化重组，在无形中提高了空间利用率。这种设计手法无疑对未来的推广使用给予了极大的便利，也方便市政规划时可以因地制宜地设置所需的不同商业模块，从而可以实现只需一次设计方案，就带来无数种可能的设计结果。

(a) 外景

(b) 内景

图 5-8　中目黑高架桥下的茑屋书店

2) 体育及娱乐活动模块

在城市高桥下设计与体育相关的公共设施，既补充了城市建设时未充分考虑的设施不足，满足了市民的基本运动需求，又满足了“广泛开展全民健身活动，加快推进体育强国建设”这一长远目标。可以供选择的公共设施设计除了基本的健身器械类设施设计，还可以进行模块化运动场地设计的尝试。例如，现如今街头文化和滑板运动非常受年轻人欢迎，但是城市内大多数的滑板场地都是通过建筑手法进行水泥浇筑而成的，不利于工业化生产与批量设计推广，所以我们可以将现有的滑板运动场地进行不同功能的区域模块划分，如坡道、弯道、曲面等，然后通过模块化组合与模块化拼装的手法进行场地铺装，这样不仅可以达到快速安装的目的，还可以根据实际的桥下空间尺寸因地制宜地进行不同场地功能模块的选择。

城市高架桥下空间可设置的与市民休闲活动相关的公共设施设计基本分为儿童游乐场设计和成人游乐场设计。可供儿童进行玩耍的模块化儿童游乐设施的实现形式多种多样，其中，单体游乐设施如模块化秋千设施、模块化跷跷板设施，由于占地面积较小、拼接方便，均为比较适合于高架桥下空间的模块化儿童游乐设施。针对成人游乐设施的设计则是一个比较新颖的设计类型，除将一些最基本的单体游乐设施赋以成人的比例尺度进行组合设计外，还可以涵盖将灯光视觉艺术、音乐听觉艺术及以手机移动终端人机交互作为媒介与载体的一些适合成年人的游乐方式，在这些公共设施设计中可以适度加入 AR 技术、传感技术等科技手段，并以此来满足成年人复杂多样的休闲娱乐方式，如图 5-9 所示。

(a) 场景(一)

(b) 场景(二)

(c) 场景(三)

(d) 场景(四)

图 5-9　A8 桥下空间再生利用

3) 市政基础设施模块

适合城市高架桥下空间再生利用的相关市政基础设施大致有两种：市政服务和公共交通，如图 5-10 所示。其中市政服务包含了城市景观及绿化设施、以公共卫生间为代表的便

(a) 便民设施

(b) 停车设施

图 5-10　市政基础设施

民设施等；公共服务则包含了机动车立体停车设施、机动车平层停车规划、共享交通等多个方面。

4)装饰扣板模块

装饰扣板模块分为装饰板及桥梁氛围光带两个部分，其中桥梁氛围光带则内嵌于 PVC 扣板内，光带与光带之间以金属接片为导体进行导电，这样可以避免传统照明光带设计需要过多走线而造成的施工不便利、外在不美观的问题。

在多伦多市中心的高速公路高架桥下，PFS Studio 创建了一个充满活力的公园。这不仅是多伦多 West Don Lands 滨水区振兴计划不可分割的一部分，而且是新旧定居点与相邻公园之间的纽带，如图 5-11 所示。该桥下公园的设计与规划充分融入了多层次的使用功能、灵活多变的空间构成以及极具视觉冲击力的灯光设计与公共艺术，使得桥下公园兼具了社区设施与城市舞台两种不同的城市功能职责，并满足周围居民的日常生活需求。

(a)场景(一)

(b)场景(二)

图 5-11　多伦多桥下公园夜景

桥下多彩的灯光设置除具有基本的照明功能之外，还构成了空间视觉艺术点缀且在夜晚具有指路功能，这一灯光设置使得该地区在夜晚更加丰富多彩，并能带来与白天截然不同的奇妙的动态空间体验。

在桥下公园的实际建造中，原本的桥下空间被改造成了可供周边居民休闲娱乐的运动场、休闲长椅、儿童游乐设施，并且在涂装方面非常具有视觉冲击力与街头文化特色，如图 5-12 所示。

(a)场景(一)

(b)场景(二)

(c)场景(三)

图 5-12　桥下公共设施与环境

5.3 再 生 要 点

20 世纪 70 年代，西方的城市学科开始注重研究带有公共性理念的公共空间，这一课题主要体现在城市规划这类城市学科中，关注点在于“空间正义”、城市公共空间的社会价值等。最初学者所关注的方向主要是针对为什么要在城市中建设公共空间，探索公共空间的特征、功能以及存在意义，随着研究的不断深入，研究的重点逐渐转变为公共空间的转变、衰落、重塑以及未来发展的走势，着重于探讨为什么公共空间出现了衰落现象以及该如何将其重塑重建的问题。

5.3.1 再生设计核心

其他工程相较于民用建筑和工业建筑的突出特点在于其开放性和公共性，其他工程再生利用也可以称为对开放空间的再生设计。与传统意义的旧建筑再生利用的不同之处在于，这种设计方式重点关注空间环境与人们情感需求的结合，将公众的感官体验融入开放空间中，更好地展现公共性设计的特性。

港区及码头工程、军工及人防工程、道路及桥梁工程等其他工程的形成，无一不体现了时代变迁和历史发展，它们的存续是国家综合实力进步的重要标志。其他工程的废弃与闲置是我国科学技术进步的体现，更体现了我国交通、航运、军事实力的飞速发展以及我国国际地位的显著提升。

5.3.2 空间结构再生

港区及码头工程、军工及人防工程、道路及桥梁工程等其他工程的共性在于其前身是一个大型的公共性聚集场所，而既有工程的废弃使得人们不会再聚集在原址周围，迫使整个既有建筑的空间结构发生转变。航运和交通使得城市空间被分割开来，原有的使用价值消失使得它们直接成为城市空间的破坏因素，将城市分割成断断续续的块状空间，整体的空间结构因此而改变。因此对既有工程空间功能的重新整合是再生设计中首先要考虑的。

就遗留的其他工程而言，其主要功能以交通运输、航运、军事防御的形式出现，所涉及的元素包括信号塔、展台、警戒标志、铁轨等其他相关设备。在设计中可通过部分保留的方式来进行再生。沿线的信号灯和警戒标志可以转化为新的景观小品或引导标志，通过艺术处理和加工来引导路线。具有特殊形式的结构，如路边交通平台，可以通过装饰再生设计成新的景观，或转变为休息凉亭或开放空间。

5.3.3 周边社群再生

居住于既有建筑周边的人员构成本是不会发生改变的，但是随着港口、铁路的废弃，遗址周边空间的实际价值都有着或多或少的改变，这也就带动了周边人群的变动。原本的使用人群消失，而遗址本身将城市空间割裂开，新的使用人群并不会自发地形成。因此其他工程再生利用时应加强人群的融合与联系，提升既有建筑与周围社群的交互性。

从工业、军用、航运场地向社区的转变是城市建设中的经济和发展问题。既有建筑发展了基础设施，建筑空间开放，建筑布置规律，场地有自己的历史和文化。土地的开发是基于历史视角的延续，将旧的元素整合到新的建筑中。京张铁路遗址沿线尤其是北京城内路段有众多的社区环境，将铁路遗址与社区环境相融合，不仅是对遗址的合理保护，也增强了社区间的联动性，增加了社会参与度，促进了和谐社会的发展进程，如图 5-13 所示。

(a) 五道口启动区夜景

(b) 铁路遗址现状

图 5-13　京张铁路遗址公园

5.3.4　文脉传承再生

伴随着全国经济的高速发展以及人们行动效率的不断提高，尽管人们的通行时间有所变动，但是在通行过程中注入的情感却在逐渐减少，原本通过铁路或桥梁、港口、码头等让彼此之间产生一定交集、情感连接的一群人因为既有工程的废弃缺少了部分的情感寄托。因此，其他工程再生利用的文脉传承是至关重要的，需要充分挖掘和利用历史文化记忆的载体。

一方面，从其他工程自身入手进行文脉传承设计，可遵从场地精神了解场地的内涵与特质，在设计过程中领悟场地所要表达的此种精神，将历史人文内涵以具体的景观形式呈现给大众，具体可设置一些充满人文历史气息的雕塑小品，既增加了当地居民的生活乐趣，也有利于外来游客了解当地的风俗文化。如法国遇难犹太人的纪念性空间，将原来用来运输犹太囚徒的车厢放在废弃的停车场上，表达第二次世界大战时期火车站发生的那一段历史，给大众营造一个缅怀过去、纪念遇难者的公共性开敞空间。另一方面，既有建筑周边的城市居民和职工是建设和发展的见证者，熟知既有建筑的历史和变迁。例如，厦门铁路文化公园正是以注重人文历史和文化传承为目的的典型再生利用案例，如图 5-14 所示。它原是鹰厦铁路的延伸线，由于城市的发展需要而被废弃，为了保留厦门城市交通运输发展的最初记忆，因此称为厦门铁路文化公园。从文脉传承上来看，整条老铁路带状公园从北到南分为铁路文化区、民情生活区、风情体验区和都市休闲区四个区块，通过悠久浓厚的历史背景、独特优越的地理位置和丰富的自然景观，共同彰显出老铁路独有的魅力。因此其也是历史文脉跨越时空与地域的完美体现。

(a)铁路遗址现状

(b)隧道遗址现状

图 5-14　厦门铁路文化公园

5.4 典 型 项 目

5.4.1 大连老港区再生利用

1. 项目概况

大连港是东北地区最重要的综合性贸易港，在国内港口史上留下了重要的足迹。作为大连开博立市的起点，大连老港区见证了大连城市现代化建设的整个历程。大连港长期以来一直是大连工业和经济发展的动力。在客货并存的大连老港区，码头、仓库、客运码头、码头办公楼等众多建筑支撑着港口。由于大连市的产业结构调整，大连老港区将重生为以商务办公、娱乐休闲为核心的城市滨水区。这一举措为大连老港区改造开辟了新的历史机遇。

2. 再生过程及再生效果

大连老港区是中山区中心商务区的延伸，通过综合规划布置商务办公和旅游/休闲/娱乐功能，可定位为副中心。项目所在的 1 号港池，由于周边建筑遗迹较多，定位为旅游与历史体验相结合的休闲港区，具体的功能分布见表 5-3。

表 5-3　大连老港区 1 号港池再生利用功能分布

功能	位置	说明
旅游文化	2 号码头	区域的基本定位功能，包括海事展览、创意产业、婚庆旅游、特色酒店和精品商业店铺，属开放性较强的综合区域
餐饮娱乐	15 库甲码头和 1 号码头	与滨水景观相结合，是对周边旅游及商务功能的补充
商贸办公	1 号码头	与达沃斯会议中心旁的办公建筑组成商贸区，属港区文化功能的延伸
客运邮轮	2 号码头	与旅游文化功能相结合，是区域功能特色的体现，包括海关边检、客运交通等功能

1)建筑再生利用

老港区的建筑遗产是大连港历史信息的承载者，记载着近百年来这里发生的重大事件。现如今，大连老港区中的港务局办公楼、15 库、21 库等建筑遗迹依然存在。这些老港区内的工业遗存具有重要的历史价值，见证了港区的发展历程。

(1)港务局办公楼。

港务局办公楼建筑占地约 2950m^2，建筑面积约 20000m^2，为 7 层的砖混结构，建筑风格为当时盛行的折中主义鲁尼桑式。港务局办公楼具有一定的艺术和历史价值，2002 年被列为大连市第一批重点保护建筑。大连港集团有限公司已对其进行了扩建并继续作为集团办公室使用，以延续大楼的物质功能，持续发挥建筑的物质功能价值，并延续港口的历史文脉与场所记忆，如图 5-15 所示。

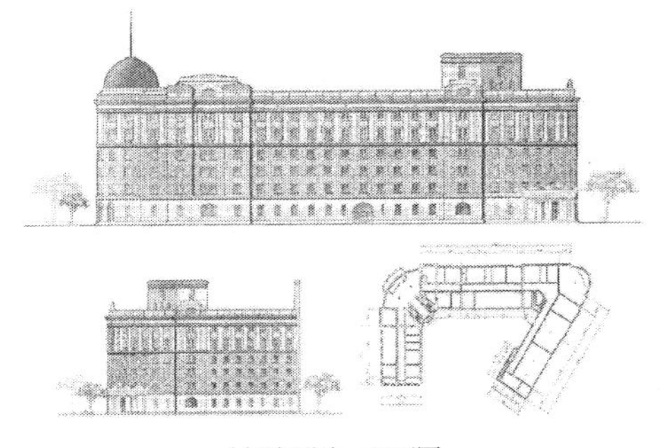

(a)平面图、立面图

(b)大楼现状

图 5-15　大连港务局办公楼

(2)15 库。

15 库位于大连市中山区港湾街 1 号，始建于 1929 年，是当时东亚地区建筑面积最大、机械化程度最高的港口仓库，被誉为“东亚第一仓库”。

2007 年，15 库再生利用为复合型创意消费区，成为城市休闲、文化展览等多业态相结合的区域。再生利用后的 15 库基本保留了原来的建筑形象，整个建筑沿东西向划分为 3 个连通的单元体，各单元设置独立的竖向交通核，在每层由折线形的公共空间相连，原来用于卸货功能的北侧室外退台更新为滨海观景台。内部楼板局部做了透空处理，与钢制楼梯结合，增加了空间的灵活性。外立面局部用通高的玻璃幕墙打断，打破了原有建筑水平的体量感。在更新中运用钢和玻璃等现代材料元素，与原有混凝土形成对比，如图 5-16 所示。

(a)现状

(b)外景

图 5-16　大连老港区 15 库再生利用

(3) 21 库。

21 库位于老港区 2 号码头内，始建于 1922 年。原为客运站(时称船客待合所)，面积约为 5031m^2，下层为仓库，上层为候船厅。候船厅面积约为 3768m^2，可容纳千余名乘客。东侧有一个宽 5m 的月台，月台与码头之间设有供乘客上下车的活动桥。候船区可办理船票、电报、外币兑换等，并设有陈列室、阅览室、餐厅、商店。21 库集客楼和货楼功能于一体，不仅具有产业特色，还具有一定的人文特色。立面的细节，如山墙雕塑、壁柱和底层的天窗，反映了建筑的高艺术价值。这里是港区客运往来的聚集地，是传达老港区集体记忆的具有很高历史价值和情感价值的地方。现在的 21 库还有很多客运功能，但是由于空间的限制，肯定不适合以后的发展。需要搬迁及合理化进行更新和再利用，以延长建筑物的使用寿命。

21 库再生利用中的功能更新模型不同于一般老建筑的功能更新，是在性能提升的前提下进行的功能转换或添加。历史上作为候船厅和仓库相结合的 21 库，在更新后的功能定位受到以旅游文化功能为主的国际邮轮码头的业态影响，将是少量的客运功能与大量的旅游商业需求的结合。这一功能上的更新是对原仓库功能的转换，也是对原候船厅功能的提升。

21 库二层候船厅的中央带形天窗是建筑历史符号中的重要元素，如图 5-17 所示。候船厅的历史场景与人们的集体记忆凝固在这一特征符号中，在更新中，对天窗形式进行了保留并加以修缮和强调。天窗在历史与现代不同时空场景的叠加中传达着场所精神。与此同时，带形天窗强烈的引导性也使建筑的新功能流线有迹可循，从而确定内部空间的具体划分。

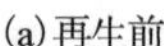

(a) 再生前

(b) 再生后

图 5-17　21 库天窗再生利用前后对比

2) 环境再生利用

除历史建筑以外，港区内遗存的大量构筑物也是老港区建筑遗产的一部分。包括信号塔、灯塔、塔吊和铁轨等元素，它们和区域内的历史建筑一起营造了一个极具个性与历史氛围的港区环境，它们的文化内涵与价值应该被重视并加以探索，如图 5-18 所示。其中包括始建于 1933 年的红砖信号塔、建于 1912 年的白色南灯塔以及建于 1910 年左右的铁路，这些环境遗产要素均为老港区的历史印记载体。此外，某些灯塔、信号塔也成为老港区中的重要空间节点与视线焦点，构成港区意象中的标志物；港区中的铁轨具有路径引导作用，它们都是老港区场所意象形成的重要元素。

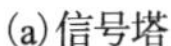
(a)信号塔

(b)灯塔

(d)铁轨

图 5-18　大连港环境要素

5.4.2　西安防空洞再生利用

1. 项目概况

西安城墙上的防空洞大致分为三个时期。首先，在 1926 年著名的“双虎护长安”期间，士兵们挖洞来保护自己免受轰炸，建造堡垒以躲避突袭。其次，在十四年的抗战中，有政府和军队为广播电台和仓库挖的防空洞，也有人民为“躲避警告”而挖的防空洞，如图 5-19 所示。最后，在解放战争末期，国民党部队挖了防御攻城的暗堡，随着西安和平解放，这些暗堡逐渐被闲置或废弃。

(a)城墙防空洞(一)

(b)城墙防空洞(二)

图 5-19　西安防空洞

2. 再生过程

20 世纪初，随着战争技术的进步，古老的城墙逐渐丧失其防御功能，并阻碍了城市的交通，于是各地纷纷拆墙筑路。西安的城墙却不是这样，还能在火炮快枪时代发挥出巨大的军事防御功能。中华人民共和国成立初期，以北京、南京为代表的一大批明清城墙多被拆除，而西安城墙却在专家领导的坚持下保留下来。1961 年西安城墙入选国务院正式批准的第一批全国重点文物保护单位，且是其中唯一的古城墙建筑。这充分说明了西安城墙所具备的典型意义，所以才会被作为文物最早地纳入了国家保护的体系。城墙性质的这一转变不仅为其得到完整的保护找到了法律依据，而且为后来城墙及防空洞文化功能的转变奠定了基础。1983 年西安市成立环城建设委员会，对西安城墙进行以建设环城公园为中心的全面综合治理。2004 年成立西安城墙景区管理委员会，对城墙景区进行统一管理与建设。经过几代人的不懈努力，现在的西安城墙得到了完整的保护与修复，而且被打造成墙、林、路、河、巷五位结合立体式的环城文化公园，实现了梁思成为保护北京城墙而设计的由军事防御功能向文化公园的转型，如图 5-20 所示。其中的人防工程防空洞，更是摇身一变成为西安居民夏季休闲纳凉的不二之选，如图 5-21 所示。

图 5-20　西南城角登城马道处的防空洞

图 5-21　西安安东街防空洞

地下防空洞是人防工程，也属于地下隐蔽工程。在房屋建设规划设计中，处理不当将会造成投资浪费或不能保证上部建筑及防空洞的安全正常使用。当前城市建设、旧城改造中遇到越来越多的建筑下存在防空洞的问题。在土地资源匮乏的当代社会，充分利用地下覆土空间的地源能量越来越被国内外所重视。因此，城市发展过程中对防空洞空间进行针对性改造设计的思路应运而生。

3. 再生效果

目前位于西安市安东街的西安人防纳凉中心是西安市目前唯一对外开放的防空洞，该人防纳凉中心内部长约 1km，夏季温度一般在 16～18℃，可容纳约 2000 人避暑休闲，自 2007 年开放以来深受当地居民的喜爱。

5.4.3　青岛码头再生利用

1. 项目概况

青岛的地形为海滨丘陵，海岸线迂回曲折。由于丰富多样的自然地形和大部分地区适宜城市建设的地质条件，青岛已发展建设为山海相融的城市。山、海、城三位一体的气势与意境在红瓦、绿树、蓝天的映衬下形成独具特色的城市意象。作为城市构成要素之一的近代工业，在其工厂的空间布局上也体现出与城市整体形象相一致的山海特色。

近代工业尤其是大工业对用水的要求，以及青岛城市中铁路和港口的位置对工业布局的决定性作用，使得青岛近代工厂大多选择在胶州湾沿岸建设，这就在空间上赋予了青岛近代工厂鲜明的滨海特色。这一滨海特色根据工厂位置与海岸线的关系表现为两种类型。

1）处于沿海一带

胶州湾沿岸平坦的地势和良好的地质条件为工业厂区和厂房的建造提供了优良的基础条件。在青岛近代工业从城市西南角分别沿海岸线和铁路线扩展的过程中，很多工厂就直接选择建在海滩上，如青岛双星集团前身——维新制带厂。另外，建于近代工业发展期的大康纱厂和隆兴纱厂则选择在四方庄以北的河口海滩一带建厂。之后的一些棉纺织厂，如富士纱厂、钟渊公大第五厂、上海纱厂、丰田纱厂和同兴纱厂等，则选择在同样是面向大海的沧口建厂。

2）位于港湾之中

位于港湾之中的近代工业遗产主要有三处——大港、小港和北海造船厂。大港和小港毗邻而建于胶州湾的南侧，小港目前主要为民用码头，大港则为商港和军港。大港现有码头 8 个，除 5 号码头为军港外，其余为商港。8 个码头沿海线伸向海面，从南向北依次为 6 号、1 号、2 号、3 号、4 号、7 号、8 号、5 号码头。

各码头的角度和形态各异，2 号、3 号和 8 号码头为规则矩形，6 号、1 号和 4 号码头为端部变形的矩形，7 号码头则由沿海岸线和伸入海中的两部分构成，5 号码头的面积最大，形态最为复杂，沿海岸线向西伸入胶州湾后又向南转折，形成半包围结构，将 6 号之外的其余码头包裹于内。根据实际需要对 8 个码头与海岸线的角度及其面积进行了合理计算，不仅使泊位最大化，还形成了层次丰富的滨水空间形态。

2. 再生过程及再生效果

1）北海造船厂

位于青岛东部海湾浮山湾的原北海造船厂旧址现正被改建为奥林匹克帆船中心。青岛市人民政府充分利用北海造船厂现有的建筑和设施，结合帆船运动的特点和奥运会的技术要求，对原址进行合理建设和改造，建成了包括行政与比赛管理中心、奥运分村、运动员中心、场馆媒体中心、后勤保障与供应中心、奥运纪念墙码头、主防波堤码头、测量大厅码头和陆域停船区九大部分的奥林匹克帆船中心。建成后的奥林匹克帆船中心与毗邻的五四广场交相辉映，形成青岛市区新的滨水景观节点，如图 5-22 所示。

2）港口灯塔

在青岛现代工业建筑遗产中，有一类兼具山地和沿海特色的灯塔，其是港口建筑的重要组成部分。信号消防站和灯塔的建设是现代港口通航的基本条件，与青岛港的建设同步进行。目前，青岛有小青岛灯塔、马蹄礁灯塔、团岛灯塔、朝连岛灯塔、游内山灯塔等多处近代工业遗产，且均在使用中。

距离市区最近且知名度最高的为位于小青岛公园的小青岛灯塔，如图 5-23 所示。小青岛位于胶州湾入海口的青岛湾内，面积约 2.47 公顷，与栈桥遥相呼应。岛上的制高点为始

(a)奥林匹克帆船中心

(b)灯塔

图 5-22　北海造船厂再生利用

建于 1890 年并于 1915 年启用的小青岛灯塔。该灯塔塔身为八角形，塔身用白色大理石构筑，分上下两层，是船舶进出胶州湾、青岛湾的重要助航标志。

在所有灯塔中，距离陆地最远且规模最大的为朝连岛灯塔，它位于黄海青岛港附近的朝连岛上，如图 5-24 所示。朝连岛灯塔始建于 1899 年，于 1940 年改建，建筑面积约为 333m^2，主要用于为青岛港的船舶提供助航服务。与小青岛灯塔通体白色的现代主义风格不同，朝连岛灯塔建筑为典型的德式风格，整个建筑在岛上的制高点，具有鲜明的标志性，且俯瞰整个海域，显现出海上城堡般的坚固与神秘。

图 5-23　小青岛灯塔

图 5-24　朝连岛灯塔

思　考　题

5-1 请简述其他工程的概念。

5-2 请简述其他工程再生利用的基本内涵。

5-3 请简述其他工程再生利用的主要特点。

5-4 请简述其他工程再生利用的重要意义。

5-5 请简述其他工程再生利用的发展现状。

5-6 请简述其他工程再生利用的关键要点。

5-7 请简述港区及码头工程再生利用的模式。

5-8 请简述军工及人防工程再生利用的策略。

5-9 请简述道路及桥梁工程再生利用的常见模块。

5-10 请列举并介绍您所熟知的其他工程再生利用项目。

参考答案-5

第 6 章　土木工程再生利用发展

6.1　环境约束下的绿色再生

6.1.1　绿色再生内涵

1) 绿色再生

绿色再生是指在满足新的使用功能要求的同时，最大限度地节约资源(包括节能、节地、节水和节材)、修复生态、保护环境、减少污染，为人们提供安全、健康、适用、具备一定文化底蕴的使用空间，与社会及自然和谐共生的再生方式。

绿色再生分为绿色开发、绿色设计、绿色施工、绿色运营四个阶段(图 6-1)：绿色开发，是指在不损害生态环境的前提下，充分挖掘土木工程的价值，合理选择土木工程再生模式，以降低能耗、提高人们的生活质量为目标进行的开发决策。绿色设计，是指在对既有土木工程进行改造设计时，在满足新的功能要求的同时，加入绿色技术手段，使其成为绿色节能的土木工程。改造后的土木工程必须达到相关绿色评价标准的要求，并且在不改变原有土木工程基本元素的情况下，利用绿色设计手法和技术附加新的功能，使其能承担新的使用功能，以满足社会新的功能需要。绿色施工，是指再生项目施工中，在保证质量、安全等基本要求的前提下，通过科学管理和技术进步，最大限度地节约资源及减少对环境有负面影响的施工活动，充分利用既有材料，保护既有土木工程构造，实现四节一环保(节能、节地、节水、节材和环境保护)。绿色运营，是指利用健全的管理制度、先进的管理

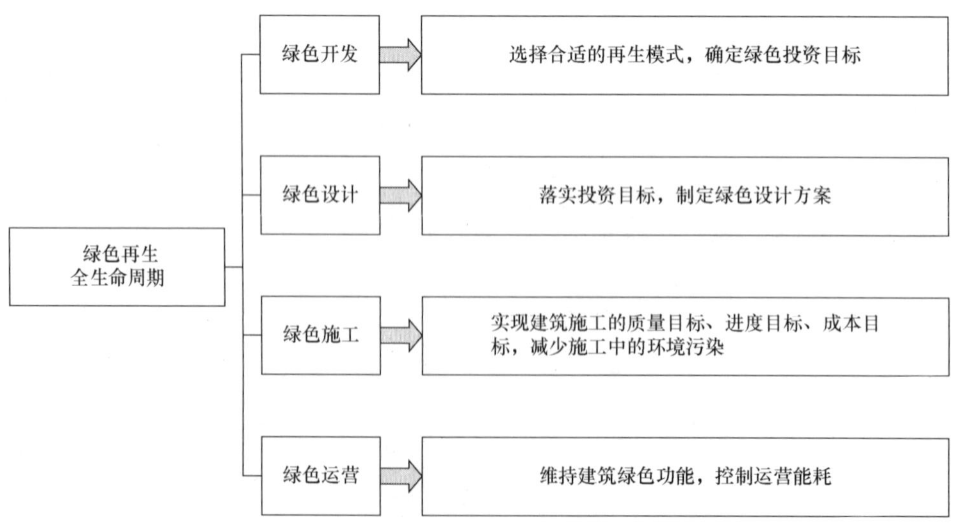

图 6-1　绿色再生全生命周期

技术对投入使用后的再生利用项目进行管理，以达到保护建筑及其文化特色、降低建筑使用能耗、提供舒适健康使用环境的目的。

2) 环境约束

环境约束是指自然环境承载力和供给能力的限制，或社会环境的变化对经济社会发展的制约，主要表现为：短期内和周期性经济社会发展出现的资源供应短缺；人们发展理念的变化以及由此产生的制度供给对经济社会发展的管制和政策。环境约束的内涵主要表现为：第一，环境本身的承载力对人类活动的限制和制约，当人类活动对自然环境或自然资源施加的压力使得生态环境发生变化时，如果变化到一定程度，环境将无法依靠自身调节能力进行恢复和控制，就会导致环境污染、破坏以及承载力的降低，如图 6-2 所示。

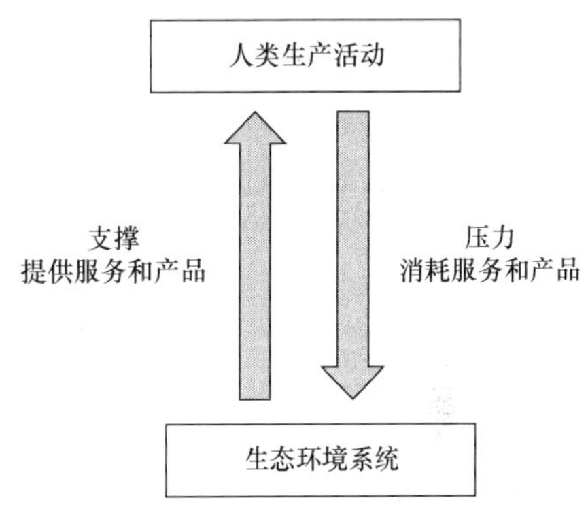

图 6-2　人类生产活动与生态环境系统的关系图

第二，通过非环境本身的主体对自然环境施加的作用力，目的是对人类生产活动进行约束和调节等。现实生活中环境规制多以政府部门为主体，以指令控制型和经济激励型等为主要手段。环境规制是国家为了实现对生态环境的保护，运用公共权力对环境利益和经济利益进行协调的社会性规制，通过法律、政策、措施等途径来实现生态环境的改善。环境规制有显性和隐性之分，见表 6-1。

表 6-1　环境规制分类

名称	分类	细分	概念界定	环境规制工具
环境规制	显性规制	指令控制型规制	指令控制型环境规制是指立法或行政部门制定的，旨在直接影响排污者做出利于环保选择的法律、法规、政策和制度	《中华人民共和国环境保护法》及其他相关单行法、部门法，实施的新五项制度及老三项制度中的环境影响评价制度和“三同时”制度等
		经济激励型规制	经济激励型环境规制是政府利用市场机制设计的，旨在借助市场信号引导企业的排污行为，激励排污者提高排污水平，或使社会整体污染状况趋于受控和优化的制度	排污税费、使用者税费、产品税费、补贴、可交易的排污许可证、押金返还等
		自愿型规制	自愿型环境规制是指由行业协会、企业自身或其他主体提出的，企业可以参与也可以不参与，旨在保护环境的协议、承诺或计划	环境认证、环境审计、生态标签、环境协议等
	隐性规制	环保意识	环保意识是人们对环境和环境保护的一个认识水平和认识程度，又是人们为保护环境而不断调整自身经济活动和社会行为，协调人与环境、人与自然互相关系的实践活动的自觉性	
		环保非政府组织	环保非政府组织即基于较强环保意识建立的具有监督、环保功能的组织	绿色江河组织、香港的地球之友等

进入 21 世纪以来，全球生态环境持续恶化，气候变暖等问题频现。为了改善城市生

态环境、提高城市抵御气候变化的能力，世界各国纷纷将绿色发展作为城市发展的重要目标和前置条件。我国也在党的十八届五中全会上，首次将“创新、协调、绿色、开放、共享”五大发展理念作为指导我国长远可持续发展的科学理念。其中，绿色发展的理念在城市建设中的作用进一步凸显，绿色发展的基本概念、内涵和目标不断深化，逐渐成为指导城市长远发展、规划、建设的重要方针。当前，我国城市建设已从增量式扩张转向增量与存量并重的发展阶段，大部分城市都在持续推进城市更新工作。大拆大建式的城市更新改造侧重短期内物质形态上的优化提升，却忽视了土木工程长远的绿色可持续发展要求。

在此背景之下，迫切需要借助绿色发展的理念，对城市既有民用建筑、工业建筑、工业构筑物及其他工程进行更新改造，以此来促进城市发展转型，缓解资源环境压力。土木工程绿色再生成为协调城市发展建设和生态环境保护的重要举措。

环境约束下的绿色再生是以绿色发展理念为核心，以环境承载力为基础，以环境规制为准则，在土木工程再生过程中，在决策、设计、施工及后期运营这一建筑全生命周期内，结合绿色建筑的要求，在满足新的使用功能要求、合理的经济性的同时，最大限度地节约资源、保护环境并减少污染，为人提供健康、高效、适用、具备一定文化底蕴的使用空间，实现人与社会及自然和谐共生的再生方式。绿色再生方式与一般再生方式存在诸多不同，见表 6-2。

表 6-2　土木工程绿色再生方式与一般再生方式比较

再生方式	再生原因	再生意义	再生范畴	再生目标
绿色再生	1. 结构、设备老旧； 2. 功能空间限制； 3. 能耗大、资源浪费； 4. 环境污染； 5. 舒适度差	1. 激活旧建筑； 2. 减少拆建成本； 3. 历史文脉延续； 4. 实现绿色理念	1. 功能空间改造； 2. 立面翻新改造； 3. 结构改造； 4. 资源节约改造； 5. 室内环境改造； 6. 生态改造	1. 优化空间、功能； 2. 传承历史文脉； 3. 节约能源、资源，保护环境； 4. 提升舒适性与健康； 5. 提高经济性
一般再生	1. 结构、设备老旧； 2. 功能空间限制	1. 激活旧建筑； 2. 减少拆建成本； 3. 历史文脉延续	1. 功能空间改造； 2. 立面翻新改造； 3. 结构改造	1. 优化空间、功能； 2. 传承历史文脉

6.1.2　绿色再生原则

1）降低环境影响原则

环境约束下绿色再生的宗旨是在再生过程中的任何一个环节都要考虑其可能带来的环境影响，通过设计在满足使用功能以及其他需求的基础上，高效利用资源与能源，减少废弃，保护环境，实现人与自然的和谐共生。环境约束下的绿色再生对于生态环境因素的考虑应贯穿决策、设计、施工、运营的整个过程，在决策过程中要以降低建筑能耗、提高人们的生活质量为目标；在设计过程中要将环境因素纳入设计中，并将其作为设计成果优良的重要影响因素；在施工过程中也要注意采取相应的环境保护措施；在运营过程中要时刻关注其运行状态，综合考虑建筑内外自然环境的发展状态。

2）材料循环利用原则

材料的利用是以降低建设对生态环境的影响为基准的，在材料的循环利用方面分为两种：一是将改造过程中拆除的建筑废料重新加以利用；二是废材的下降性循环利用。现阶段材料的再利用一般是下降性循环利用，是指利用旧的材料改造成新的材料，改造后的材料在废弃后再改造成其他材料，如此循环下去。旧材料到新材料的转换势必要消耗大量的材料和资源，下降性循环利用所带来的生态破坏也应受到重视，以权衡下降性循环利用与全新材料利用之间对生态环境的影响为依据进行改造设计。

3) 能源自我循环原则

充分利用地域气候特点，优先考虑可再生能源与清洁能源的利用，减少建筑能耗给环境带来的能源荷载。土木工程的再生设计具有与新建设计所不同的基础设计条件，生态设计元素的注入难度相对具有局限性，但仍可实现部分层面的能源自我循环。对于大型工业园区、老旧小区等土木工程的整体性改造设计来讲，从规模尺度和技术应用层面对能源自我循环的生态设备注入具有较高的可实现度；对小型建筑的单体改造设计来讲，大型生态设备的运用会形成资源浪费，但仍可运用雨水收集循环利用或太阳能等能源的利用来实现自我循环。能源的自我循环程度是评价再生设计绿色化水平的重要标准。

4) 可持续性原则

可持续性原则体现在两个方面。一方面体现在土木工程再生项目的生态原则，土木工程再生是原生命周期的结束，因此绿色再生必须考虑到新生命周期再持续使用的可行性和长效性。该原则强调绿色再生必须尊重自然规律，尽可能降低对原有生态环境的破坏，充分保护和利用原有的生态景观要素。另一方面体现在尽可能地避免土木工程再生项目二次生命过早终结的前瞻性原则。随着科技的不断更新变化，绿色再生必须采取可变性的适应策略，适应未来的发展变化，有前瞻性地为后续绿色技术产品的更新换代留有增补更换的空间载体，同时保证新旧设备在一起协同运转。

5) 因地制宜原则

绿色再生必须紧密结合项目所处的地域特性展开，不同热工分区的自然条件决定了绿色再生技术手段的不同；不同地区的资源储备能力决定了再生工程实施能力的不同；不同地域的经济和人文意识更是决定再生项目能否成功的首要因素。因此，绿色再生项目实施中必须综合考虑地域性气候、经济、资源、环境、人文因素等实际情况，因地制宜地采取绿色改造技术。

6.1.3　绿色再生策略

1) 公共空间绿色优化

对于土木工程公共空间的绿色优化，应在不破坏原有生态环境的前提下进行绿色再生，使生态得到一定的恢复，在满足土木工程所处城市环境的特殊性和地段性及绿色生态化需求的同时，设计适合人体尺度、符合需求的公共设施，图 6-3 为由粤中造船厂改造而成的中山岐江公园。

(1) 对质量较好的绿地环境及生长状况良好的古树予以保留，并对绿化植物进行修剪维护，在改造粤中造船厂旧址时便对具有年代的古树予以了保留。对于遭到破坏污染的土地和周围生态环境，应进行土壤置换，重新播散草籽，改善土质，恢复生态。

(2) 融入改造景观空间。应充分考虑土木工程所处城市的环境气候，结合具体的绿色再生方案融入新的景观环境系统，合理地配置植物，必要时可拆除一定的旧建筑，留出空间进行植物景观的融入设计，完善绿化空间，营造舒适的微气候外部环境。

(3)绿色再生还应关注公共空间。对于不必要保留的建筑可予以拆除，留出新的可改造空间，在原有公共空间的基础上，设置水景、植物、景观小品等，以丰富土木工程的外部空间。

2)围护结构绿色改造

对于土木工程围护结构的改造，应考虑其热工性能。围护结构的热工性能直接影响采暖的空调负荷，是绿色再生的重要因素之一。应提高围护结构的保温隔热性能，尽可能利用自然光和被动式太阳采暖，减少照明和采暖消耗，实现绿色节能。

(1)外墙节能。

外墙是土木工程围护结构的重要组成部分，外墙绿色节能要从提高外墙的保温隔热性能入手，以此减少室内外温差引起的热传递，降低供暖、制冷能耗，达到绿色节能的目的。外墙绿色节能改造包括外墙外保温改造、外墙内保温改造、外墙夹心保温改造和外墙隔热改造。保温材料的选择是外墙绿色节能的关键，保温材料的种类有很多，改造时应根据土木工程现有状况、所需材料特性和所要达到的保温标准并结合当地气候特点来选择，图 6-4 为在长沙机床厂原有厂房外立面上增加玻璃幕墙而成的长沙万科紫台。

图 6-3　中山岐江公园

图 6-4　长沙万科紫台

(2)屋面节能。

与外墙相似，屋面是土木工程的重要围护结构之一。同样，屋面绿色节能应从提高其保温隔热性能入手，以此减少室内供暖、制冷能耗。屋面绿色节能改造主要是在兼顾屋面防水的同时，提高其保温隔热性能。屋面绿色节能改造包括：第一，增加屋面保温层，为提高屋面的热工性能，可通过增加保温材料来实现；第二，架空保温隔热层，为实现夏季通风、冬季保温的节能作用，可通过增加屋面层来形成空气层，并设置可开启的通风口；第三，屋顶绿化，在屋面上摊铺土壤并种植绿色植物，在充分利用土壤的热阻和热惰性避免太阳直射的同时，充分发挥绿色植物吸收阳光、转换蒸腾的作用，夏季可降低屋面的温度，冬季可防止屋面温度流失，起到保温隔热的作用。另外，屋顶绿化对于增加城市绿地空间、缓解热岛效应、净化空气、美化城市等方面具有显著优点，是全方位符合绿色发展理念的屋面节能改造措施。

(3)外窗及幕墙节能。

外窗是土木工程围护结构中重要的部分，具有采光、通风、保温、隔热、防噪声等作用，外窗的大小、朝向、隔热质量都对土木工程的绿色节能起到至关重要的作用。绿色再生过程中应根据土木工程的现行状况进行外窗的改造：对于需要保留外观的土木工程，若窗洞的大小、朝向不能改变，改造时可以在原有窗的基础上加装成双层窗、更换成中空玻璃或多层隔热玻璃、给金属型材包塑、加双道密封条等；对于外观可变动的土木工程，为满足采光、通风的要求，可适当调整窗洞大小，再选择保温性能良好的玻璃窗；对于外窗为玻璃幕墙的土木工程，多数为保温性能差、遮阳系数大的单层玻璃幕墙，给玻璃贴膜是最简单的方法，也可以用双层呼吸式玻璃幕墙来进行替换，在双层玻璃间加入遮阳帘，以达到保温隔热的效果，也可用墙体开窗式立面来进行替换，以实现在追求更好的节能效果的同时，使周边环境更加协调。

3)资源节约循环利用

资源节约循环利用是对土木工程建造和使用时的建筑材料、水资源等的节约和再利用，土木工程再生本身就是一种很好的资源节约方式，在减少建筑垃圾的同时，可以对原有的土木工程结构和资源重新加以利用，是绿色发展理念的充分体现。除此之外，在土木工程再生和使用过程中，对资源的节约再利用同样重要，在再生过程中追求节约环保的同时还可以减少再生成本。

(1)材料再利用。

材料再利用过程中需要对老旧废弃的材料进行回收，在经过简单处理之后，再次运用到土木工程中。传统的砖瓦、石材、木材和混凝土等都可作为再利用的材料，对这些材料的再次利用不仅可以减少建筑垃圾的产生，还可以将其作为土木工程饰面进行历史感、地域性特色的营造及与历史建筑的对话。

(2)水资源节约再利用。

水资源的节约有节水器具运用和节水技术应用之分。对于节水器具的运用，在土木工程再生过程中可用高效节水的器具替换普通用水器具，以实现更好的节水效果。节水技术应用包括中水处理技术和雨水收集系统。在土木工程再生过程中可运用节水技术实现对水资源的节约再利用。

4)可再生能源充分利用

可再生能源充分利用是节约能源、保护环境的重要手段，可再生能源包括太阳能、地热能、水能、风能、生物质能等。在既有土木工程建造之初，由于能源节约意识的缺乏和以消耗不可再生的化石燃料为主等原因，极少运用可再生能源，因此在土木工程改造时可考虑增加对可再生能源的利用，以达到节约能源的目的。在再生过程中，可根据土木工程所处的地理位置和条件来选择可再生能源。

(1)被动式太阳能利用。

被动式太阳能利用是指无技术装备或器械地利用太阳能，利用太阳辐射为室内采暖提供能量。被动式太阳能利用的改造模式包括被动式太阳房、附加阳光间和集热蓄热墙等。

(2) 主动式太阳能利用。

主动式太阳能利用是用集热器或光伏板收集太阳能，并通过技术设备为室内房间提供能源的方式。主动式太阳能利用模式包括太阳能热水系统、太阳能采暖系统和太阳能光伏发电系统。

(3) 地热能利用。

地热能利用是指利用浅层地热资源，通过输入少量高品位能源，实现低温位热能向高温位热能转移。地源热泵系统是地热能利用的技术体现，具有费用低、维护简单等诸多优点，因此正在被积极地推广和运用。

(4) 其他可再生能源利用。

太阳能和地热能是土木工程再生中应用最多的可再生能源，除此之外还有一些其他的可以利用的可再生能源，如水能、风能、生物质能等。但由于这些可再生能源对自然条件的要求比较特殊，因此较少被运用到土木工程再生当中，还有待进一步的研发，期待今后能更多且充分地利用可再生能源，实现进一步的环境保护。

6.2　时代背景下的文化再生

6.2.1　文化再生内涵

1) 文化再生

文化再生这一概念展示了现代社会文化的动态消长历程，文化通过持续的再生方式保持一定的稳定性，使得社会不断发展。文化如同生命有机体，有其生长过程，当文化面临衰亡之时，通过人为的介入使快要消失或已经消失的文化在新的时代背景下以全新的方式呈现出来的过程称为文化再生，其目的是使土木工程重新焕发生机和活力。文化是既有土木工程的灵魂所在，既有土木工程是传承与展现城市文化的重要空间载体，文化再生正是通过发挥既有土木工程的文化优势，对既有土木工程文化进行挖掘、组织和再利用，使得既有土木工程获得重生。

2) 时代背景

时代的境遇不同，要解决的问题就不同。当前我国经济高度繁荣的同时，民众的精神需求也在不断增加。文化作为一个城市的根基和灵魂，承载了市民对于美好生活的向往，见证了市民艰苦奋斗的峥嵘岁月，能够让市民产生“此心安处是吾乡”的身份认同感和归属感，使城市成为市民安放身心的精神家园。

党的十八大以来，以习近平同志为核心的党中央曾多次谈及文化的重要性，对文化建设予以了高度重视，提出了文化强国的战略思想，将文化建设提高到新的战略高度，在理论和实践层面上都迈出了新的步伐。在党的十九届五中全会上，党中央首次明确了建成文化强国的具体时间表，即到 2035 年基本实现社会主义现代化的远景目标，其中包括“建成文化强国”“国家文化软实力显著增强”。在此目标下，“兴文化、展形象”成为重要的使命任务。“十四五”规划中提出，要繁荣发展文化事业和文化产业，坚持以社会主义核心价值观引领文化建设，加强社会主义精神文明建设，围绕举旗帜、聚民心、育新人、兴文化、展形象的使命任务，促进满足人民文化需求和增强人民精神力量相统一，推进社会主义文化强国建设。

在以高度的文化自信助推文化强国建设的时代背景下，面对具有时代特色和历史文化记忆却闲置的既有土木工程，应深入挖掘其历史、文化、艺术价值，从项目开发、设计、施工、运营再到景观设计、室内设计、外部环境改造全过程，都应充分与文化空间的建设以及文化的弘扬、保护和传承相结合，顺应时代的需求，体现可持续发展的理念，这便是时代背景下的文化再生。这样的文化再生既是对既有土木工程自建成以来积淀下来的价值理念的呈现，也是实现民族复兴、文化复兴的强烈要求，更是中华民族应对“百年未有之大变局”的必然要求。

6.2.2　文化再生原则

1) 合理尊重原则

文化再生是在原有功能基础上对既有土木工程自身潜在价值的深入挖掘。文化再生是开展再生利用的重要组成部分，而文化再生的主要目的在于，通过对那些存在历史人文价值和特殊工业属性的土木工程的保护，实现历史文脉和场所精神的传承，这是文化的传递，是企业精神的延续和发扬，也是当地居民对乡愁记忆的尊重和回忆。对于当前时代背景下的文化再生，最基本的原则应是尊重历史。不过需要注意的是，尊重的含义并不是需要完全保留，应是在尊重原则的基础上，取其精华去其糟粕，营造出土木工程所特有的场所精神并加入现代城市发展的新元素，实现新旧结合，使其焕发出新的生命力。

2) 适度匹配原则

适度的匹配既可以更好地保留土木工程的历史文化属性，还能使得早已沉寂的老旧元素重新焕发新的活力，实现和现代化城市建设的融合。应全面深入了解土木工程的历史文脉，在再生过程中将老旧元素匹配到新的改造形式中。文化再生应该充分结合城市特色，发挥区域特色和自身特长，积极探索，勇于创新，创造符合自身发展的再生利用模式，而不应该跟风、随大流，或是将别人的模式复制照搬。

3) 新旧共生原则

新旧共生指的是新建空间与旧存空间之间的和谐与对比。让新建的现代感与保留的历史感在不同的艺术形式中碰撞出新的空间生命。文化再生应遵循新旧共生的原则，在保存和延续土木工程的历史特征和面貌的同时，融入现代材料、科技和设计手法，这样既能提升空间的舒适度，满足现代化展示空间的需求，又能很好地保存空间的历史文脉，延续空间的场所精神。

4) 保持原真原则

原真性是判断土木工程是否具有文化价值的前提，只有真实的建筑遗产，才能帮助人们更真实准确地认识历史，才具有保护和延续的价值，任何重建复原的方法都会大大降低遗产的价值。对于土木工程来说，建筑原貌、空间形态、生活习惯等都是真实的历史信息，在进行土木工程再生设计的过程中，应尽最大可能保证其历史信息的真实，恢复其历史风貌。

5) 可延续性原则

土木工程作为承载人类活动的重要载体，延续到今天的不只是它的外壳，更是它所代表的一种传统的生产生活方式及文化，丰富的历史片段以及人们辛勤劳作的复合叠加使土木工程令人难忘并有特殊意义，其中蕴涵的文化价值是无价的。此前，大量土木工程再生利用项目只是简单地复原了建筑这个空壳，没有深入挖掘其文化内涵，失去了传统文化支撑的商业开发，使土木工程失去了持续发展的原动力。因此，在文化再生过程中，应该关注到土木工程的文化内涵，强调其可延续性，在满足使用者基本需求的基础上，保留其文化内涵，使其能够得到持续性的发展。

6.2.3　文化再生策略

1) 资源整合，文化挖掘

文化是一个地方的灵魂，是使一个地方长久不衰的原动力，以地方文化作为基础进行设计或改造是现在设计行业趋于普遍的做法，场地的设计需结合所在地方的文化特点，这样才能为设计注入灵魂。而城市总是有自己的文化，它们创造了别具一格的文化产品、人文景观、建筑及独特的生活方式。既有土木工程作为城市文化形成的重要场所，在城市文化建设、市民城市生活中起着至关重要的作用，其也是城市文化的载体，是在变幻莫测的历史中留下的宝贵财富，是使人们能够认识过去的纽带。

在土木工程再生利用过程中，对其文化进行深入的挖掘、系统的整理，是文化再生的重要组成部分。可以对土木工程的地方历史事迹、历史人物、产业变迁、地理演变等历史大事件以及传统文化，包括工艺文化、历史文化、建筑文化、人本文化、企业文化等进行深入调查，如图 6-5 所示；通过地方志、相关文献资料的查阅来了解既有土木工程文化的演变；通过对周边相关人员或原居民的无结构式访问来获取一手资料；也可以通过照片、

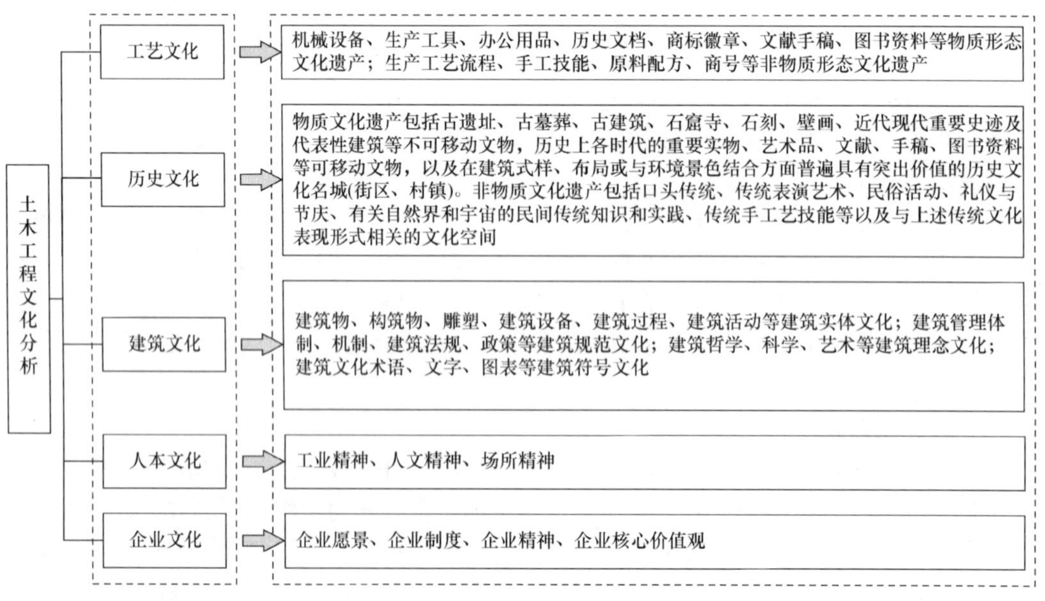

图 6-5　土木工程文化分析

影像资料来进行文化资源的深入挖掘。

2) 修旧如旧，文化传承

作为社会发展的历史见证，既有土木工程是人们精神的物质载体。其独特的历史价值、文化价值和美学价值构成了既有土木工程的文化风貌和文化素质。因此，在土木工程再生过程中，对于见证一个时期的建造、生产、审美水平的文化遗产，应尽最大可能地予以保留和修复，要注重文化在土木工程再生过程中的体现，保护好传统文化基因，避免“千城一面、万楼一貌”，保护利用各类历史文化遗存，让历史文化遗产真正活起来，让人民在生活中触摸历史，感悟文化魅力，增强文化自信。

城市的历史风貌建筑为传承与发扬城市历史文化、展现城市个性与特色起到了积极的重要作用。因此，为保留原有历史风貌，改造时在外观上应尽量使土木工程的外部造型、饰面材料与工艺、色彩保持原状，以达到修旧如旧的效果，这样，改造后的土木工程仍然能保留其建成时代的印记，传承并延续城市和企业的优良传统，突出丰厚的文化底蕴，营造独有的人文气氛，成为展示城市特色、传承人文精神的标志。图 6-6、图 6-7 为保留了建筑外观的上海电气(集团)总部办公大楼和西安事变纪念馆。

图 6-6　上海电气(集团)总部办公大楼

图 6-7　西安事变纪念馆

3) 激活创新，文化植入

既有土木工程的外观多存在简陋、陈旧或过时等问题，因此在改造过程中要注重外观激活、形象重塑，美观而具有活力的建筑外观对城市形象和可持续发展具有一定的贡献，在再生过程中适当融入一些创新元素，使再生利用项目的形象更具特色。在保证原有文化遗存真实性、整体性、可读性、可持续性的基础上，融入现代时尚元素，将空间建筑、城市肌理与非物质性居民、传统产业、当地文化与当下活动交织在一起，形成更为丰富多彩、传承记忆的历史场所。

既有土木工程的存在本身就有其艺术性，但与人们的互动性不高，较难使公众产生认同感。艺术的表达方式是多种多样的，在文化再生过程中，提倡艺术空间扩散、艺术载体的多样化，将艺术延伸到建筑空间、建筑立面、公共设施、标识系统甚至水体、照明等范围，以及各种市民文化活动中，创造多种多样的表现形式，从而满足不同空间功能、不同人群的心理需要。在文化再生的过程中，需要通过合适的物质性或者非物质性的载体，如空间、设施、表演、活动等，将文化艺术进行情景再现，组织人与环境，还原历史文化，从而实现文化的再生与文化空间的再造，另外，不仅可以改善建筑环境，也可以提高附近居民对建筑的认同感和归属感，从而激活既有建筑的活力，图 6-8、图 6-9 为不断举办精彩活动的西安老钢厂和成都东郊记忆。

图 6-8　西安老钢厂

图 6-9　成都东郊记忆

4) 新旧兼容，文化构建

对于年代久远并非具有重要历史意义的和外观保存并不完整的既有土木工程，在改造外观时由于其仍具有一定的时代价值，可以在保留原有外观的同时加入新的现代元素，形成新旧结合的建筑外观。这种新旧结合的改造策略常被运用到土木工程再生中，新元素与旧元素的结合会形成由一种差异产生的对比美，这一策略让同一个建筑反映出时代的变更，因此其既能尊重历史，又能实现新的美学价值。土木工程的文化构建主要分为两类途径：一是对既有文化元素的重构，如建筑文化、工艺文化、人本文化、企业文化等；二是结合时代特征，塑造出新的文化元素，如绿色文化、创新文化。

6.3　韧性视角下的安全再生

6.3.1　安全再生内涵

1) 安全再生

安全再生是指基于安全目的在维持现有建设格局基本不变的前提下，通过局部拆建、建筑物功能置换、保留修缮、加固补强，以及整治改善、保护、活化、完善基础设施等方法，为人们提供结构安全、性能可靠、使用舒适，同时能够最大限度地满足改造后建筑的使用功能要求的再生方式。

安全再生的安全思想贯穿于项目的全生命周期，由于决策、设计、施工、运营各阶段工作内容的不同，各阶段相应的安全要求也不同，且前一阶段任务的执行效果会对后续阶段任务的执行产生直接影响，各阶段的安全要求见表 6-3。

表 6-3　土木工程安全再生项目各阶段要求

项目阶段	安全要求	核心原则
决策阶段	1. 依法规办理与安全相关的各项审批手续； 2. 做足前期准备工作； 3. 对潜在的危险因素进行全面的辨识评估	为后续安全工作提供良好的基础
设计阶段	1. 确保改造方案设计安全可靠； 2. 改造方案符合实际，可行性高	改造方案安全可靠
施工阶段	1. 保证拆除、加固、改造施工过程中作业人员与机械的安全； 2. 保证施工方案的安全； 3. 对厂房留存结构进行必要的安全保护； 4. 具有严格的消防管理及安全保障措施； 5. 保证邻近建(构)筑物的安全； 6. 有施工质量保证措施； 7. 保证作业环境、生活环境、周边环境的安全； 8. 建立可靠的应急管理系统，以应对意外安全事故	人-机-环境系统安全生产；施工质量安全可靠
运营阶段	1. 保证房屋的安全性与使用性，并对出现的质量问题进行及时处理； 2. 保证消防安全； 3. 保证运营设备的安全可靠	确保房屋使用者人身与财产的安全

2)韧性视角

既有土木工程作为城市公共安全薄弱的区域之一，由于其建设年代极为久远，建造时经济条件有限、技术能力不足、研究开展不充分，空间环境差，各项功能衰退，空间使用情况混乱等原因，具有较高的灾害脆弱性，为其安全使用留下了隐患。一旦发生灾害，不仅会对土木工程本身造成巨大损害，而且极易造成群死群伤的灾难性后果，在带来生命财产巨大损失的同时，严重地影响到整个社会的稳定和可持续发展，从而具有极大的改造必要性及急需性。随着现代化的高速发展，城市风险不断增加，城市风险管理成为城市关注的焦点，既有土木工程作为城市脆弱性极强的区域之一，成为城市韧性建设的切入点。

韧性理论作为一种与干扰共存、主动适应复杂形式的系统性理论，成为面对城市多种风险的重要理论，如图 6-10 所示。韧性理论能够有效地解决既有土木工程面临的安全风险

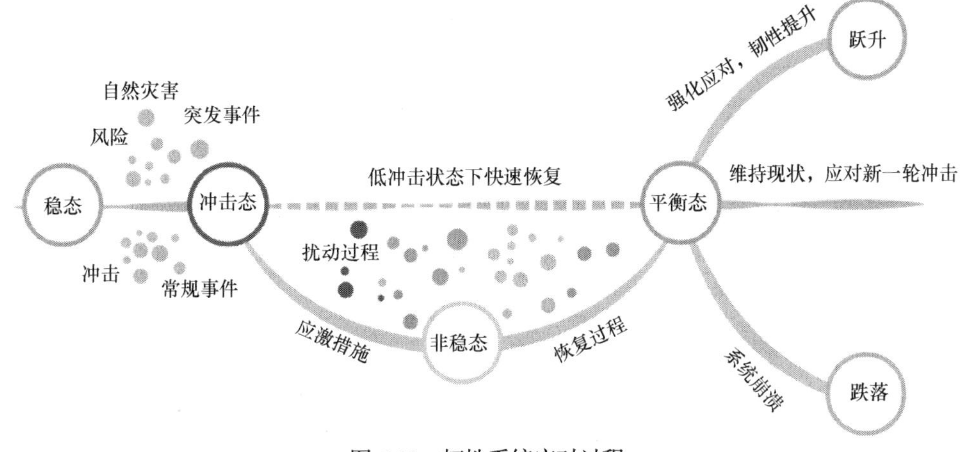

图 6-10　韧性系统应对过程

高、脆弱性强的问题，其对安全再生的指导体现在三个方面：一是建设思维方面，从防灾思维转向适应灾害的韧性思维；二是建设类型方面，从空间提质转向防灾常态化建设；三是建设方式方面，从建立防灾体系转向韧性建设，发挥空间的应灾优势，激发居民应灾的主动性。

韧性视角下的安全再生是以安全为核心，以韧性理论为基础，在再生利用过程中，在决策、设计、施工及后期运营全生命周期内，在维持现有建设格局基本不变的前提下，通过局部拆建、建筑物功能置换、保留修缮、加固补强，以及整治改善、保护、活化、完善基础设施等方法，为人们提供结构安全、性能可靠、使用舒适，同时能够最大限度地满足改造后建筑的使用功能要求的再生方式。韧性视角下的安全再生使工程系统在面对风险的冲击与扰动时，能够快速感知风险、预测隐患事故、采取应急措施、迅速恢复并学习完善，拥有维持、恢复和优化系统安全状态的能力，如图 6-11 所示。

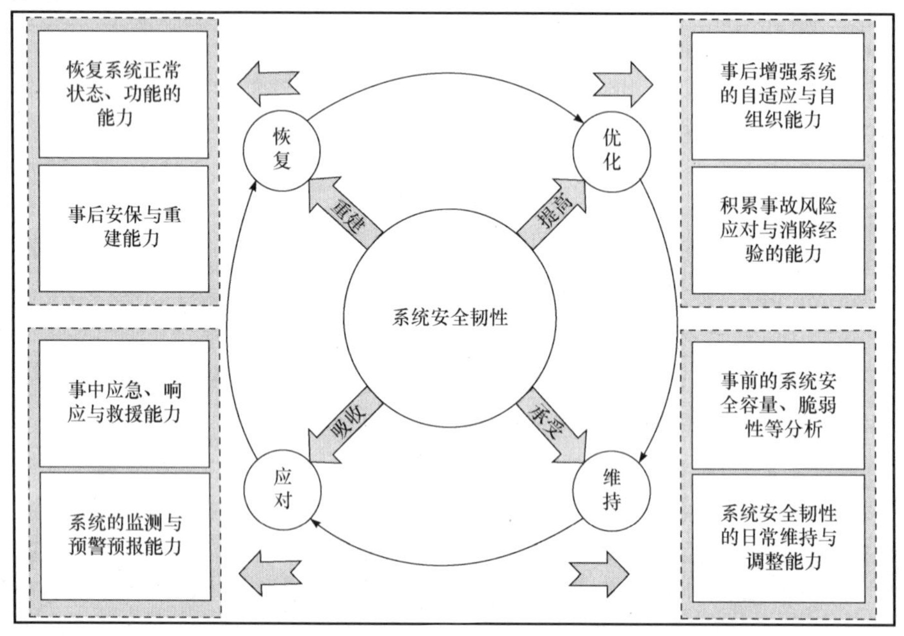

图 6-11　系统安全韧性

6.3.2　安全再生原则

1) 安全性原则

安全性是土木工程再生利用过程中的必要原则。在土木工程再生利用前，应进行前期调研，了解土木工程的结构状况、空间条件等基本状况，并进行详细的评估分析，预先判断再生过程中的技术难题，充分制定土木工程再生方案预案，以避免技术性失误。只有严格满足安全性检测或者能够达到基本安全要求的既有土木工程才能加以利用，在后期再生过程中通过运用相关技术使其达到国家安全性能要求后方可投入使用。

2) 经济性原则

经济性原则要求再生利用过程中实现对社会劳动价值和经济资源最大限度的节约。目前在土木工程再生总成本中，主体结构的改造成本占比较大，需要具有一定承载能力的土木工程既有结构作为再生利用的基础，在提高土木工程再生经济效益的同时，实现既有土木工程结构价值的保留。但是追求经济性原则的前提是必须要确保结构的安全性。

3) 技术适宜性原则

从技术的角度来看，安全再生应当采用以被动式为主、主动式为辅的再生方法。这样既可以避免单纯采用被动式技术带来的舒适度差问题，也可以避免单纯采用高技术堆砌的能源损耗问题。应回归土木工程设计本体，立足原有场地与建筑特点进行相应的改造。在进行被动式改造的同时，适当地加以主动式技术的补充，对于主动式技术的选择，应当综合考虑各种因素，做出合适的判断。良好的被动式改造是降低能耗的基础条件，主动式技术的补充设计是营造舒适室内环境的重要保证，只有灵活运用两种技术，才能实现既有土木工程的适应性改造。

6.3.3 安全再生策略

1. 土木工程结构检测、鉴定

土木工程结构检测、鉴定的实质是对既有结构的可靠性的复核，审查是否达到设计文件及国家相关规范、规程、标准的最低要求。在结构检测、鉴定时所采用的荷载数据及结构抗力数据乃至结构承重体系都需要通过实测的数据进行确定，它区别于结构设计，不是简单地套用设计文件；对于不满足相关规范、规程要求的结构给出加固维修建议，并通过结构补强措施使其达到预期的功能要求。

1) 结构检测

(1) 初步调查、检测方案制定、仪器确认：在接受委托之后，首先对结构进行初步调查，对结构的基本形式、年代、检测/鉴定目的等信息进行调查，并依据检测/鉴定目的制定检测方案(检测内容、检测手段、所用仪器等)，确定仪器的工作状况，确保其正常工作。

(2) 结构性能现场检测：首先了解结构的使用历史、使用环境、各类荷载及作用，并借助于各种现场检测、实验室试验技术，分别对结构几何尺寸、材料强度、结构裂缝、缺陷、结构腐蚀、损伤和变形、钢筋位置、荷载条件等反映结构性能的项目进行检测。

(3) 数据处理和结果分析：通过对现场、实验室的检测数据的统计分析，结合现场检测技术规范，对检测数据做出科学的分析和汇总，分析检测结果，为后续鉴定工作提供支持。结构检测基本流程如图 6-12 所示。

2) 结构鉴定

结构鉴定指以结构可靠性理论为基础，采用调查、检测等手段获得结构本身及其环境的相关信息，通过结构力学和可靠性分析与验算等，对既有结构可靠性水平做出评价，并对其在未来时间里(即鉴定目标的使用年限内)能否完成预定功能进行预测与推断。结构鉴定基本流程如图 6-13 所示。

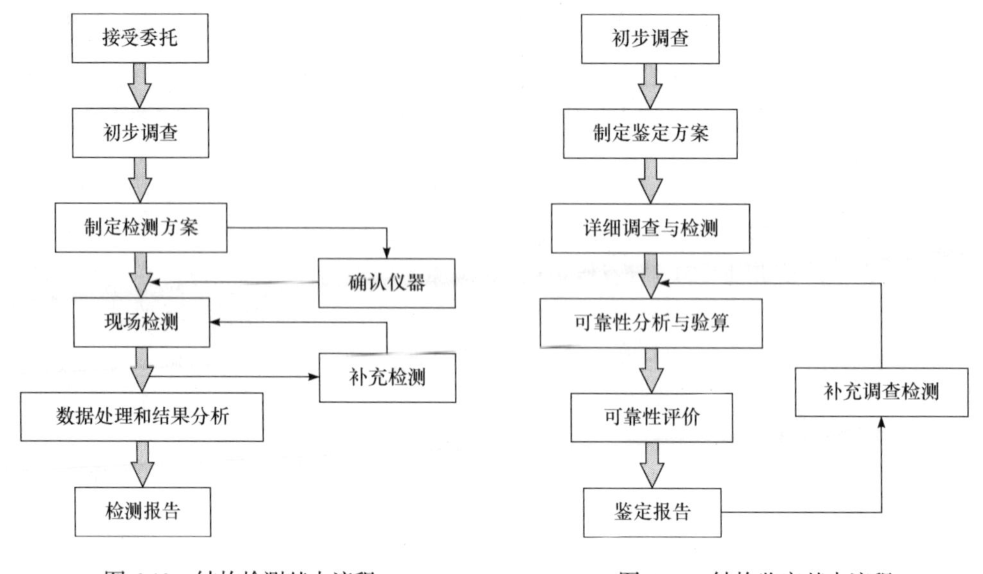

图 6-12　结构检测基本流程　　图 6-13　结构鉴定基本流程

2. 土木工程结构加固、修复

为了保证土木工程安全可靠，不管是对于土木工程进行一些基础性的保护修缮还是对其进行功能性的改造，对原有土木工程结构进行加固、修复都是必要的前提。结构加固、修复是在对土木工程进行调研评估的基础上，对结构体系残破的部分进行修复性加固，以保障结构体系的安全稳定。原有的结构体系都有其相对应的材料属性和破坏机理，因此，其加固、修复也有相应的措施。根据既有土木工程结构体系材料和形式的不同分别提出结构材料的合理化运用、结构形式的生态性修复以及结构体系的差异性优化三种策略。

1）结构材料的合理化运用

结构材料是构建主体结构的重要部分，在土木工程再生利用过程中，材料的运用决定了建筑结构的构件形式、承载力以及空间构成方式等。新的结构材料的添加能够对建筑的原有肌理进行功能性的修复，有效地处理结构老化的问题，满足新的空间需求，实现功能的更新。除此之外，还能够满足时下对于建筑审美的需求，遵循改造的真实性，化解时代差异带来的违和感。对材料的合理运用，可以有效地挖掘结构的特性，并应用于改造的方案设计。

2）结构形式的生态性修复

既有土木工程或结构已经损坏，或原有结构形式不能满足新的功能需求，需要在既定的结构形式下进行加固修缮。结构形式的生态性修复应在兼顾安全性与经济性的前提下，以最合理、最有效的策略来进行土木工程再生，通过减少建材用量来实现节能减废的结构形式的生态性修复。

结构形式的生态性修复主要表现在以下几个方面：第一，结构更加安全，既有土木工程经过结构加固后，结构的安全系数增高，延续了土木工程的生命，同时也保障了其安全性；第二，功能更加趋于合理，改善后的土木工程结构在使用功能上更加科学合理，可以为人们提供一个更加舒适的环境；第三，结构更加经济，结构形式的生态性修复可以减少建筑材料的用量，达到节能减废的生态诉求。

3)结构体系的差异性优化

土木工程再生利用过程中结构的技术性表现始终离不开真实性，强调的是去伪存真的结构技术差异。在再生利用过程中，为了满足功能更新和空间的需求，要打乱原有结构体系的秩序平衡，调整原有结构体系，并以此为参照建立新的结构平衡状态，通过新旧结构体系的结合保障改造后土木工程的整体效能，实现结构体系的差异性优化。

3. 土木工程构件修缮、更新

土木工程构件(包括柱、墙体、屋面、窗等)的构造做法都能体现当时构造技术的发展水平，但随着时间的推移，陈旧的构件已不能够完全满足新的功能需要，因此要对构件进行更新处理。通过构件的添加、拆减或替换提升空间的灵活性，丰富土木工程原有空间的氛围。

1)功能构件的适度添加

对功能构件的添加主要分为两种：一种是满足结构安全性的构件添加，当土木工程原有的结构构件不能满足支承作用时，可以选用与原结构材料相同或不同的承重构件辅助分担土木工程结构荷载，保证结构的安全耐久；另一种是满足功能需求的构件添加，就是在原有结构不能满足功能更新的情况下，可以选择那些对原有结构影响破坏比较小的功能构件来增加夹层等，新增结构构件与旧的结构共同承担荷载。构件的适度添加主要包括设置夹层和垂直增层两种方式。

2)局部构件的灵活拆减

在既有土木工程不能够实现新的功能需求的转变且周边环境不具备扩建条件的情况下，可以考虑采用对局部构件进行拆减或整体拆除的方法重塑内部空间。局部拆减能够增加空间的灵活性，可塑性强，在满足功能更新的同时能够延续原有结构形式和材料的部分特征，也能实现空间的外延。构件的局部拆减主要有拆除屋顶、拆除局部楼板、拆除部分墙体或拆减多跨建筑的一跨或几跨等。

3)破损构件的新旧替换

如果土木工程原有结构的局部构件被破坏得已经无法满足原来的承重需求，可以在改造中对破损构件进行新旧替换，增加新的构件，提供承重作用或满足其他功能性需求。针对破败的柱、屋架、楼板等，采用材料质地较轻、承载力较强的结构进行替换，在改造过程中需注重结构的稳定性。这种策略在保留原有结构形态的同时，增加了空间的视觉效果。

4. 土木工程安全韧性重构

1)增强空间的多功能性

增强既有土木工程系统的多功能性对既有土木工程适应灾害有重要意义，既能改善既有空间环境，又能增强空间防灾能力。

(1)公共活动空间应急设计。

在应急状态下，既有土木工程公共活动空间不仅能够作为居民的紧急避难场所，也可作为临时存放救灾物资的场地，所以应对公共活动空间进行应急设计。既有土木工程公共活动空间要规模适当，既要宽阔，给人以放松之感，又要封闭，给人以安全之感。另外，对既有土木工程公共活动空间应整合出宽阔的场地，以保障能够聚集一定规模的人员。其绿植配置应较为简单，可在危险多发一侧种植乔木，起到阻隔危险和林下休息的作用。

(2)道路空间应急设计。

首先是消防通道的设计。在土木工程再生利用过程中，系统道路空间的应急设计应满足消防车、人员逃生的通行需求。消防通道的设计应能够为应急避难时的安全疏散提供保障，分别对建筑出入口空间、单元出入口空间、公共活动空间出入口以及承担连接功能的道路空间进行画线，有效标示出消防疏散通道。其次是用地重划，保障消防应急通道的有效宽度。安全再生应满足消防需求，通向各个建筑物的道路应满足消防车的通行需求，以及时保障防灾应急效率。对道路空间的有效通行宽度不足的道路重新划分道路用地，增加有效通行宽度，保障消防车能够到达各个社区。道路红线宽度较窄的情况有两种：一是道路空间两侧有拓宽的空间；二是道路空间两侧不能够拓宽。针对能够拓宽的道路空间，提出“机非共板”或者增加道路用地的方式以满足消防车的通行需求。针对不能拓宽的道路空间，采取新增消防预留道路的方式以满足应急要求。

2)提高空间的冗余性

(1)应急疏散通道多路径设置。

在土木工程再生利用过程中，应对系统进行梳理，整合出系统的多条应急疏散路径，不同建筑的应急疏散系统具有一定的差异性。应确保应急系统全覆盖，并与出入口相连接，形成完整的疏散系统。

(2)应急场所多中心分布。

应急场所能够在发生危险时保障人员的安全。在土木工程再生利用过程中，应急场所可由绿地空间、公共活动空间承担。但既有土木工程公共活动空间分布不均衡，且容量较小，未能满足应急需求。因此，需要对如何实现应急场所多中心分布这一问题进行思考，明确从服务半径、确定容量进行约束以建构防灾应急组团。①确定防灾应急组团服务半径。在应急状态下，人们会选择较近的应急场所进行避难。如果防灾空间距离较远，就容易造成人员不能及时到达安全空间，存在危险。因此需要确定应急场所的服务半径，保障发生灾害时人们能够尽快地到达防灾空间。②确定防灾应急组团容量。应急场所的多中心分布不仅要保障人员能够尽快地到达防灾空间，还应满足应急场所具有一定的容量，能够容纳该服务半径内的人员，否则部分人员将无避难空间，对其造成致命的伤害。因此防灾应急组团内的应急场所应确保能够容纳服务半径内的人员。

3)增强空间的互通性

系统应急空间的互通性表现在通畅性、导向性两个方面。既有土木工程在空间上存在停车乱象，严重影响了应急系统的通畅性，原有空间结构影响了应急系统的导向性。通过空间微改造设计、增补停车位等策略，可以增强应急系统的通畅性；通过设置防灾指示标识系统可以增强应急系统的导向性。

(1)空间微改造设计、增补停车位。

在土木工程再生利用过程中，应对存量资源进行整合利用，增加停车位的设置，例如，可对既有土木工程边角地、空地、绿化用地等闲置或利用率较低的用地可进行停车位的建设。首先，停车位位置选择要得当，避免在公共空间出入口处设置停车位，以免成为人员疏散的阻碍；其次，对道路两侧空间进行整合，划定停车空间，规范路侧停车，确保道路有足够的有效通行宽度，有效提高道路空间的通畅性；再次，对绿化空间进行改造，增补停车位；最后，对于连接既有土木工程的上一级城市系统道路，应急系统的通道宽度应满足通行要求。对于宽度允许的道路，可设置满足宽度要求的路侧停车带，保障应急通道的通行能力。

(2)设置防灾指示标识系统。

在灾害突发的情况下，人员的应急行为具有从众性，此时简洁、明确、易识别的标识能够传递给人们明确的应急信息。应在土木工程内外部不同区域设立防灾指示标志牌，以形成完善的防灾指示标识系统：第一，在建筑出入口和主要的防灾应急场所处设置防灾标识总图，该图是防灾道路、紧急避难场所、防灾应急设施、医疗中心等具有的防灾功能的信息汇总图，能够有效标示各个防灾应急设施所处的位置；第二，在道路交叉口和公共活动场所等人流密集处设置防灾指示牌，该指示牌可以为人员提供行动方向，指向防灾应急设施；第三，在存在公共安全隐患的区域设置安全警示牌，可以对人员起到警示的作用，避免引起人身伤害。

6.4　政策导向下的规范再生

6.4.1　规范再生内涵

1)规范再生

规范再生是指土木工程再生利用过程中，通过制定、发布和实施标准(规范、规程和制度等)，指导土木工程再生利用项目的开发、设计、施工和运营工作，充分保护和利用具有保护价值的既有土木工程，同时优化项目的实施效果，以获得最佳秩序和社会效益的再生方式。

2)政策导向

随着城镇化进程的不断深入与城市化的迅速发展，国内主要大城市都已经进入“控制增量、盘活存量”即城市更新的发展阶段。2019 年 12 月，中央经济工作会议首次强调了城市更新的概念。2021 年 3 月，国家“十四五”规划中提出要实施城市更新行动，推动城市空间结构优化和品质提升，加快推进城市更新，改造提升老旧小区、老旧厂区、老旧街区和城中村等存量片区功能，推进老旧楼宇改造，积极扩建新建停车场。2021 年 11 月 4 日，《住房和城乡建设部办公厅关于开展第一批城市更新试点工作的通知》指出，在北京等 21 个城市(区)开展第一批城市更新试点工作。城市更新正逐步上升为一项国家行动，国家层面不断出台了一系列城市更新政策，见表 6-4。

表 6-4　国家层面的城市更新政策盘点

序号	政策名称	发布日期	主要内容
1	《住房和城乡建设部办公厅关于开展第一批城市更新试点工作的通知》	2021 年 11 月 4 日	决定在北京等 21 个城市(区)开展第一批城市更新试点工作: 1. 探索城市更新统筹谋划机制。 2. 探索城市更新可持续模式。 3. 探索建立城市更新配套制度政策
2	《住房和城乡建设部 应急管理部关于加强超高层建筑规划建设管理的通知》	2021 年 10 月 22 日	1. 各地要严格控制新建超高层建筑。一般不得新建超高层住宅。实行高层建筑决策责任终身制。城区常住人口 300 万以下城市新建 150m 以上超高层建筑，城区常住人口 300 万以上城市新建 250m 以上超高层建筑，实行责任终身追究。 2. 合理确定建筑布局。严格控制生态敏感、自然景观等重点地段的高层建筑建设，不在山边水边以及老城旧城开发强度较高、人口密集、交通拥堵地段新建超高层建筑
3	《关于在城乡建设中加强历史文化保护传承的意见》	2021 年 9 月 3 日	1. 严格拆除管理。在城市更新中禁止大拆大建、拆真建假、以假乱真，不破坏地形地貌、不砍老树，不破坏传统风貌，不随意改变或侵占河湖水系，不随意更改老地名。 2. 按照留改拆并举、以保留保护为主的原则，实施城市生态修复和功能完善工程，稳妥推进城市更新
4	《住房和城乡建设部关于在实施城市更新行动中防止大拆大建问题的通知》	2021 年 8 月 30 日	1. 严格控制大规模拆除、增建、搬迁。除违法建筑和经专业机构鉴定为危房且无修缮保留价值的建筑外，不大规模、成片集中拆除现状建筑，原则上项目内拆除建筑面积不应大于现状总建筑面积的 20%、拆建比不应大于 2。 2. 未开展调查评估、未完成历史文化街区划定和历史建筑确定工作的区域，不应实施城市更新。 3. 保留利用既有建筑，保持老城格局尺度，杜绝“贪大、媚洋、求怪”乱象，严禁建筑抄袭、模仿、山寨行为
5	《国务院办公厅关于科学绿化的指导意见》	2021 年 5 月 18 日	1. 严格保护修复古树名木及其自然生境，对古树名木实行挂牌保护，及时抢救复壮。 2. 结合城市更新，采取拆违建绿、留白增绿等方式，增加城市绿地。 3. 节俭务实推进城乡绿化。坚决反对“大树进城”等急功近利行为，避免片面追求景观化，切忌行政命令瞎指挥，严禁脱离实际、铺张浪费、劳民伤财搞绿化的面子工程、形象工程
6	《住房和城乡建设部 国家发展改革委关于进一步加强城市与建筑风貌管理的通知》	2020 年 4 月 27 日	1. 严格限制各地盲目规划建设超高层“摩天楼”，一般不得新建 500m 以上建筑。 2. 不拆除历史建筑、不拆传统民居、不破坏地形地貌、不砍老树。 3. 严把建筑设计方案审查关。建立健全建筑设计方案比选论证和公开公示制度，防止破坏城市风貌
7	《住房和城乡建设部办公厅关于在城市更新改造中切实加强历史文化保护坚决制止破坏行为的通知》	2020 年 8 月 3 日	1. 对涉及老街区、老厂区、老建筑的城市更新改造项目，要预先进行历史文化资源调查，组织专家开展评估论证，确保不破坏地形地貌、不拆除历史遗存、不砍老树。 2. 对改造面积大于 1 公顷或涉及 5 栋以上具有保护价值建筑的项目，评估论证结果要向省级住房和城乡建设(规划)部门报告备案
8	《粤港澳大湾区发展规划纲要》	2019 年 2 月 18 日	建立健全城乡融合发展体制机制和政策体系，推动珠三角九市城乡一体化发展，因地制宜推进城市更新，改造城中村、合并小型村，加强配套设施建设，改善城乡人居环境

续表

序号	政策名称	发布日期	主要内容
9	《住房城乡建设部关于进一步做好城市既有建筑保留利用和更新改造工作的通知》	2018 年 9 月 28 日	1. 建立既有建筑的拆除管理制度。对符合城市规划和工程建设标准，在合理使用寿命内的公共建筑，除公共利益需要外，不得随意拆除。 2. 对不得不拆除的重要既有建筑，应坚持先评估、后公示、再决策的程序，组织城市规划、建筑、艺术等领域专家对拟拆除的建筑进行评估论证，广泛听取民众意见

城市更新政策体系已经形成以人为核心、坚守底线思维、融合各方力量共建共享的整体思路。以政策为导向的土木工程再生为城市更新的重点内容，应该充分发挥政策对土木工程再生工作的限制与促进双重作用，以提升城市品质和人居环境为总体目标，提高城市开发建设规范化程度，推动城市结构优化。

政策导向下的规范再生是以相关政策为导向，以提升城市品质和人居环境为总体目标，通过制定、发布和实施相关政策，指导土木工程再生利用项目的开发、设计、施工和运营工作，充分保护和利用具有保护价值的既有土木工程，同时优化项目的实施效果，以加快城市规范化开发建设，推动城市结构优化的再生方式。

6.4.2　规范再生原则

1) 规划引领，民生优先

要深入研究人与自然的关系、城市产业发展、市民生活方式等问题，扎实推进“多规合一”，着力解决好规划分散、无序、效率低下等问题。要充分预见既有土木工程在未来城市中的作用，抓住机遇，推进再生利用工作有序进行。要从城市总体规划出发，将既有土木工程再生纳入经济社会发展规划、国土空间规划中去统筹实施，做到严控总量、分区统筹、增减平衡。要充分认识土木工程再生对城市的重要性，强化保护，完善功能，提高社会效益、经济效益和环境效益。要坚持规划引领，强化顶层设计，增强“一个规划”的系统性和针对性，避免简单罗列。要积极更新规划理念、改进工作方法，努力通过规划设计引领，解决好土木工程再生利用过程中存在的环境质量差、交通拥堵、人口集中度高、生活不够便捷等问题。要在各项规划的一致性上下功夫，切实抓好统筹，形成规划合力，保证城市发展建设的基本方向。要选准规划实施的切入点，善于做好经济性比较和社会效益及环境效益评估，实现规划编制效能最大化和资源配置效率最优化。要求从群众最关心、最直接、最现实的利益问题出发，通过规范再生完善功能，补齐短板，保障和改善民生。

2) 政府推动，市场运作

政府推动是我国城市更新实践的第一力量，也只有政府才能有力促成城市规划、城建城管、绿化消防、社区街道等各部门协同工作，使各项具体又复杂的工作落地，因此土木工程规范再生工作必将要在政府的规划和推动下开展，单靠市场力量无法实现规范；鼓励和引导市场主体参与土木工程规范再生，市场主体的参与是必然，其未来必将成为实践的主要力量，这也是开发企业进入存量时代的新机会，需要和政府一起去深耕区域，探索并形成多元化的再生模式。

3) 公众参与，共建共享

公众是城市更新的重要力量，是土木工程再生的动力源泉，尤其是参改区域的居民，他们对参改建筑的功能创新、环境优化、文化传承等具有最接地气的发言权。充分调动公众和社会组织参与土木工程再生的积极性、主动性，建立平等协商机制，共同推进土木工程再生，将是城市更新的质量和活力所在。在机制层面实现决策共谋、发展共建、建设共管、成果共享，这样才能高效实现规范再生，达成既定目标。

4) 试点先行，有序推进

在更新实践中，必须要在政府的顶层设计下，严格落实城市更新底线要求，转变土木工程再生利用方式，以更加开放的思路去有所为，大胆创新，积极探索新模式、新路径，并结合各项目实际，有针对性地探索土木工程再生的工作机制、模式、技术方法和管理制度，打造亮点工程，形成示范项目，为城市其他项目提供可复制、可推广的经验做法，推动城市结构优化、功能完善和品质提升，引导各地互学互鉴，科学有序地实施城市更新行动，形成成熟经验并逐步推广。

6.4.3 规范再生策略

1) 完善政策法规体系

自 2020 年 10 月国家“十四五”规划明确提出实施城市更新行动以来，城市更新的重要性被提到了前所未有的高度，相关政策也进入密集出台期。目前我国城市更新政策出台主要集中在京津冀、长三角、珠三角区域，根据代表性地方城市更新进展的分析，仅有深圳市出台了完整的城市更新法规和实施细则，建立了较为完备的城市更新政策体系。另外，只有《深圳经济特区城市更新条例》与 2021 年 8 月 25 日发布的《上海市城市更新条例》属于地方性法规级别，广州、北京已发行的城市更新相关文件效力等级多数为地方政府规章，尚未制定地方性法规级别的规定，上海此次出台的文件并未落实丰富的实践项目，仍需继续完善相关政策法规体系，目前城市更新政策体系依然面临着纲领性、系统性不足的挑战。

2) 推广相关标准规范

作为再生项目实施的关键，相关标准规范的补充完善和推广运用对保证再生项目顺利实施和确保项目效益持续发挥具有重要意义。缺乏相关技术手段与评价标准指导土木工程再生工作的开展，会导致再生项目存在环境差、能耗高、使用舒适度低等弊病。研究表明，专业的标准是确保项目顺利实施、保证项目安全进行、优化项目实施效果的重要手段。既有标准主要是针对新建项目及常规改造项目编制的，再生利用项目作为功能置换的非常规再生项目，在开发定位、改建方案设计、运营维护方面，都缺少相应的规范标准的指导。应针对再生利用项目的规划设计、结构加固与改建设计、再生施工、运营维护相关技术措施与管理方法展开系统研究，编制土木工程再生利用相关标准规范，形成一套科学系统的土木工程再生利用标准化研究思路，为各地方政府相关政策的制定提供科学依据，指导再生项目的开展与施行。

3) 建立健全再生工作机制

首先，做好城市既有土木工程基本状况调查。对不同时期的重要公共建筑、工业建筑、住宅建筑和其他各类具有一定历史意义的既有土木工程进行认真梳理，客观评价其历史、文化、技术和艺术价值，按照土木工程的功能、结构和风格等分类建立名录，对存在质量等问题的既有土木工程建立台账。其次，制定引导和规范既有土木工程再生利用的政策。建立既有土木工程定期维护制度，指导既有土木工程所有者或使用者加强经常性维护工作，保持土木工程的良好状态，保障土木工程正常使用。建立既有土木工程安全管理制度，指导和监督既有土木工程所有者或使用者定期开展结构检测和安全性评价，及时进行加固和设施设备维修，延长使用寿命。再次，加强既有土木工程的更新改造管理。鼓励按照绿色、节能要求，对既有土木工程进行改造，增强其实用性和舒适性。最后，建立既有土木工程的拆除管理制度。对体现城市特定发展阶段、反映重要历史事件、凝聚社会公众情感记忆的既有建筑，尽可能更新改造利用。对于已经超出使用生命周期的既有土木工程，应该建立相应的评估机制，对这类建筑的文化价值、使用功能和改造潜力进行综合评估。对具有改造潜力的既有土木工程，政府应该鼓励和帮助建筑所有人实施改造利用。对拟拆除的既有土木工程，拆除前应严格遵守相关规定并履行报批程序。

4)促进社会多元主体参与共建共筑

土木工程再生涉及的利益相关主体众多，主要有政府、市场、群众，多主体协同下的项目开发目标增加了再生利用项目的复杂程度。在再生利用过程中加强政府引导、引入社会资本、鼓励社区居民参与，能够实现多方共建共筑，平衡多元群体之间的利益和需求，对市场的资金和力量进行正确的方向引导，最终打造出多方受益的成功项目。目前的再生利用项目多为政府主导，忽视了对社会资本力量的引进以及与群众的沟通交流，导致了土木工程再生效率低下、项目低质、要求不达标等问题，注重促进社会三方主体的共同参与将会在提高再生效率的同时，促使再生利用工作更加具有人情味。

5)完善政府监管体系与群众监督平台

针对现存再生利用项目中存在的面子工程以及形式主义工程的问题，应加强监督管理以规范土木工程再生市场。在制度保障方面，政府相关部门应当加强对本行政区域内再生利用活动的监督；有关部门应当结合再生利用项目特点，分类制定和实行相应的监督检查制度。在评级体系建设方面，2021 年 3 月 18 日发布的《2020 中国城市更新评价指数(广东省)研究报告》标志着中国城市更新发展研究迈入了指数评价的新时代，有望通过评价研究推动治理水平、实践水平的提升，助力城市实施更新行动。但评级体系建设仍处于起步阶段，应加强对可量化、可持续的城市更新与土木工程再生评价体系的研究。与此同时，根据“十四五”规划提出的城市更新政策，以人为本、切实听取与采纳社会公众的相关意见至关重要。随着社会公众在城市更新活动中参与度的提高，应该建立更加专业化与规范化的平台，拓宽群众意见的表达途径与方式，切实保障在再生利用过程中提升人民幸福感。

6)探索刚柔并济的管控模式

强化刚性管控，严格落实生态保护、历史文化保护等要求，科学合理地设计再生方案，配置高质量业态空间，完善公共服务设施和基础设施。探索弹性管控，因地制宜地制定地方标准，结合各项目实际，有针对性地探索土木工程再生管理制度，积极尝试存量地区的容积率上限和容积率奖励细则，提升再生品质。

6.5　公众满意下的高质量再生

6.5.1　高质量再生内涵

1）高质量再生

高质量再生是通过土木工程结构加固、平面布局与立面优化、建筑节能与能源利用、节水与水资源利用、室内外环境改善、延长使用寿命、提高室内外环境质量等手段提升既有土木工程品质，为人们提供更加高效、舒适、便利的使用空间的再生方式。

高质量再生的主要影响因素有三个方面，分别为功能性、舒适性、场所性。功能性品质问题主要关注的是结构的物理属性、内部空间布局及辅助构件整体使用水平，也包含户外环境空间条件。舒适性表达的是以人为本的思想、人对于居住环境的体验和满意度。场所性主要注重营造一种共存的空间，赋予场所特定的归属感和认同性。

2）公众满意

随着中国特色社会实践的深入发展和推进，人民的生活水平有了大幅度提高，生活质量有了很大改善，尤其是党的十八大以来，人民对美好生活的追求和向往更是发生了深刻的变化，正如党的十九大报告所述："人民美好生活需要日益广泛，不仅对物质文化生活提出了更高要求，而且在民主、法治、公平、正义、安全、环境等方面的要求日益增长。" 2020 年习近平总书记在党的十九届五中全会中指出："我国社会主要矛盾已经转化为人民日益增长的美好生活需要和不平衡不充分的发展之间的矛盾。"这就要求我国在经济、政治、文化、社会、生态等各个领域、各个层面都要体现出高质量发展的要求，而这当中也就必然包括了城市土木工程高质量再生。

以能否满足人民美好生活需要为判断准则，以能否得到公众的认可为目标，从民众的需求出发，在整个决策、设计、施工、运营环节中去关照个体真实的体验和感受，通过结构加固、平面布局与立面优化、建筑节能与能源利用、节水与水资源利用、室内外环境改善、延长使用寿命、提高室内外环境质量等手段提升既有土木工程的品质，创造更加高效、舒适、便利的人性化环境，即公众满意下的高质量再生。

6.5.2　高质量再生原则

1）健康性原则

土木工程再生利用的健康性原则，一方面是在再生利用之前对原有土木工程周边环境健康度的检测，在确保没有严重污染的基础上进行再生利用，以提供安全健康的使用环境；另一方面是再生利用后，土木工程在使用过程中要为人们提供生理、心理舒适健康的环境。因此在再生过程中要确保后期使用时声、光、热以及空气质量等满足高标准健康要求。

2）经济性原则

土木工程再生利用是一项耗费大且持续时间长的建设工程，其驱动资金主要来源于政府拨款、居民众筹或一些企业的投资。由于改造项目的特殊性，短期内的投资收益远低于新建项目，因此，在土木工程再生过程中，必须遵循经济性原则，在充分调研既有土木工程现存问题的基础上，结合民众的实际需求，优先解决严重影响当下人们生活的问题，尽量以最小的经济投入换来最佳的改造效果。

3) 舒适性原则

熟悉的生活环境使人们产生一定的依赖感，既有土木工程外环境在满足人们基本的物质生活的同时，更多地寄托了人们对生存空间共同的精神情感。改造时秉持以人为本的设计理念，着重从视觉和心理上使人们感受到既有土木工程外环境带来的舒适性/多样性的活动场所、充足的绿化面积以及便捷的基础设施，使人们从身心上感受到既有土木工程内外环境的舒适性。

4) 以人为本原则

人不仅是土木工程的使用者，更是其构建者，只有实现人的发展，才能实现既有土木工程的良性发展，这意味着人才是土木工程再生的关键，因此，在更新改造过程中，应树立“以人为本，遵从民愿”的更新改造理念。公众是空间的使用者，也理所应当地成为空间的修复者，只有构建公众参与平台，充分吸纳公众的意见并保证公众持续有效地参与，才能为空间赋予场所意义的同时保证空间的合理使用。

5) 公众参与原则

土木工程再生利用项目涉及的利益相关主体众多，在项目全生命周期的决策、设计、施工、运营阶段，必须广泛吸取民意，协调各类矛盾，化解城市政府、建设单位、设计单位、施工单位、运营单位与周围居民之间的矛盾，达成经济效益与社会效益的统一目标，同时引导公众参与再生利用，保障建设项目的可实施性。

6.5.3　高质量再生策略

1) 内部环境品质提升策略

(1) 内部空间热湿环境。

既有土木工程空间由于早期生产使用以及长期闲置而使得室内湿度和热度失去控制，再生后的内部空间热湿环境不一定适宜人的使用，基于以下四个方面的原因，需要对室内热湿环境进行改造：①既有土木工程的热湿环境不能满足人的舒适度要求；②既有土木工程再生后功能发生改变，对热湿环境的要求发生改变；③既有土木工程再生后空间发生改变，对热湿环境的要求发生改变；④既有土木工程再生后热湿环境的控制方法和措施发生改变，使得室内热湿环境发生相应的改变。为了维持满足要求的热湿环境，需要在土木工程再生过程中通过一定的技术措施(采暖、通风、空调)或自然方法，使室内保持一定的温度、湿度，以满足人的舒适度要求。

(2) 内部环境空气品质。

既有土木工程的原有用途使得建筑内部的空气品质差，再生后，如果不进行检测、评估和控制，不仅不能满足人们对室内空气品质越来越高的要求，还会危害人们的身体健康。因此，改造时要对土木工程进行室内空气评估。在再生过程中，要在对原有空气质量评估的基础上，进行进一步的控制改造。首先，需对污染物加以控制，再生设计和施工过程中需注意材料的选用。在对围护结构进行改造时，应选择安全、低污染的表层材料；在空调等节能设备投入过程中，应严格进行管理和维护，最大限度地降低污染量；在通风设备的投入过程中，应确保足够的新风量或换风量，排除或者稀释室内污染气体；采用过滤、吸附、吸收、氧化还原等物化方法，清除或分解空气有害物质。

(3) 内部空间声环境改造。

随着再生利用过程中功能多样性的提高，原有土木工程变成新的住宅、旅馆、学校、剧院等一些与人们生活密不可分的民用建筑，这就对再生后的土木工程内部空间声环境有了更高的要求。在再生利用过程中，如果对土木工程内部空间声环境的控制不加以重视，很难保证内部具有良好的声环境，影响新改造功能的发挥。因此在土木工程再生过程中，应采取相关措施来营造良好的室内声环境，如有效的隔声、减噪措施，合理安排建筑平面布局和空间功能等。

(4) 内部空间光环境改造。

室内光环境不但影响土木工程的使用功能，还会对使用者的心理和精神状态产生很大影响。在土木工程再生过程中，应采用多种措施来对光环境加以控制以营造合理舒适的光环境。根据人们的生活需求设计照明质量良好、照度充足、使用安全便捷的照明环境，来达到提升内部空间光环境品质的目的。同时，在提倡绿色发展的时代，更希望建筑能够充分利用自然采光，这样不但能够节约能源，还能营造出人工采光所不能达到的使用舒适度，同时避免过度的人工照明过程中产生的电磁辐射影响和能源浪费，创造一种生态、节能、环保、健康、绿色的光环境。因此，在进行土木工程光环境改造时，可以采用内/外遮阳技术、光导技术等对自然光进行控制。

2) 外部环境品质提升策略

(1) 整体空间的加减法，优化交通流线。

在土木工程再生过程中，需要拆除一些损毁结构以及不可能再改建的部分，来增大外部空间，同时注意保留原有外部空间的绿化景观，对于一些杂乱、毫无价值的部分应予以去除，留出空间增加新的植物、景观小品与市政设施。重新梳理好的道路系统应能更好地为再生后的土木工程服务，减少人流、车流的相互干扰，以满足人们方便快捷地到达目的地的需求。

(2) 公共设施改造，以人为本是核心。

外部空间设置的公共设施必须最大限度地满足人体尺度、定位准确、使用方便的要求，可以通过整合外部环境尽可能地削弱原有空间的不宜人尺度，以弱化原有土木工程所在的环境。再生利用过程中尽可能地将既有构筑物加以利用，进行景观艺术品的设计，在保留场地和有意义的设备的基础上，通过艺术化地处理这些构件，更加场景化地展示既有土木工程的历史文脉，唤起人们有关城市的集体记忆。图 6-14 为将原有生产设备保留为公共空间景观的成都东郊记忆建筑小品。

图 6-14　成都东郊记忆建筑小品

(3) 景观绿地系统。

生态宜居的外部空间景观绿地设计要求尽可能地对原有场所内的自然景观加以利用。结合地域特色进行场地绿化的合理配置，采用乔木、灌木、草结合的复合层次绿化，改善场地环境的微气候，调控热环境和风环境，节约能耗。绿色天然屏障能够降低噪声，实现对场地外部空间的噪声控制，保证土木工程再生利用项目在使用时的声环境质量。同时改善、美化场地环境的视觉景观，在既有土木工程外部增加“绿视率”以缓解人们的认知疲劳，为人们提供美观、舒适的室外活动场所，增进人的心理和生理健康。图 6-15 为在松江电机厂搬迁后的废弃工业用地内进行城市绿地公园改造的哈尔滨松江生态公园。

图 6-15　哈尔滨松江生态公园

思　考　题

6-1 绿色再生有哪几个阶段?

6-2 绿色再生方式与一般再生方式有何不同?

6-3 怎样理解时代背景下的文化再生?

6-4 请分析土木工程中蕴涵的文化有哪些。

6-5 怎样理解韧性视角下的安全再生?

6-6 如何做好土木工程安全再生?

6-7 如何理解政策导向下的规范再生?

6-8 请简述规范再生的基本原则。

6-9 请简述高质量再生的主要影响因素。

6-10 请简述高质量再生的基本原则。

参考答案-6

参 考 文 献

初妍, 2016. 青岛近代工业建筑遗产价值评价体系研究[D]. 天津: 天津大学.

崔德鹏, 2017. 平战结合的小区地下空间改造设计策略研究[D]. 哈尔滨: 哈尔滨工业大学.

代海泉, 2019. 遗产保护视角下的筒体工业构筑物改造与再利用探究[D]. 北京: 北京建筑大学.

李慧民, 2015. 旧工业建筑的保护与利用[M]. 北京: 中国建筑工业出版社.

廖一聪, 2020. 既有工业建筑改造中的结构表现策略研究[D]. 哈尔滨: 哈尔滨工业大学.

刘抚英, 2017. 工业遗产保护:筒仓活化与再生[M]. 北京: 中国建筑工业出版社.

刘抚英, 王旭彤, 贺晨浩, 等, 2018. 立筒仓保护与再利用对策研究[J]. 工业建筑, 48(2): 8.

刘宇, 2016. 后工业时代我国工业建筑遗产保护与再利用策略研究[D]. 天津: 天津大学.

宁静, 2021. 习近平关于历史文化遗产保护利用重要论述研究[D]. 杭州: 中共浙江省委党校.

冉奥博, 刘佳燕, 2021. 政策工具视角下老旧小区改造政策体系研究——以北京市为例[J]. 城市发展研究, 28(4): 57-63.

桑莉, 2015. 青岛港口系列遗产的保护与再生研究[D]. 青岛: 青岛理工大学.

商开洋, 2017. 基于绿色理念的既有办公建筑改造策略研究[D]. 大连: 大连理工大学.

孙毅, 2017. 历史镇区的空间解析与设计策略研究[D]. 南京: 东南大学.

田丽, 2020. 基于韧性理论的老旧社区空间改造策略研究[D]. 北京: 北京建筑大学.

王剑威, 2021. 政策导向下旧工业区更新方法组合论及其应用[J]. 城市建筑, 18(11): 35-38.

王晓亚, 2018. 城市历史文化街区保护与更新策略研究[D]. 重庆: 西南大学.

王欣, 2018. 筒仓类工业构筑物的改造再利用研究[D]. 济南: 山东建筑大学.

王一然, 2021. 基于旧工业建筑更新模式研究的再生实践[D]. 呼和浩特: 内蒙古工业大学.

夏菁, 2016. 城市工业遗产区内建、构筑物的价值评估及改造策略研究[D]. 天津: 天津大学.

徐丹, 2019. 基于城市更新背景下大连港老港客运码头片段式有机更新规划设计[D]. 大连: 大连理工大学.

徐瑛莲, 2020. 既有居住建筑绿色改造方案优选研究[D]. 青岛: 青岛理工大学.

叶志明, 2016. 土木工程概论[M]. 4 版. 北京: 高等教育出版社.

张犁, 2017. 工业建筑遗产保护与文化再生研究[D]. 西安: 西安美术学院.

张焱焱, 2020. 工业遗址建筑改造的功能重置设计研究[D]. 武汉: 湖北工业大学.

郑山, 2018. 历史文化街区微更新策略研究[D]. 南京: 南京工业大学.

周倩, 2020. 基于层级化方法的既有住区建筑品质提升研究[D]. 大连: 大连理工大学.

左琰, 王伦, 2012. 工业构筑物的保护与利用——以水泥厂筒仓改造为例[J]. 城市建筑(3): 37-38.